人生三境

思 履 编著

吉林文史出版社
JILIN WENSHI CHUBANSHE

图书在版编目（CIP）数据

人生三境／思履编著. -- 长春：吉林文史出版社，
2019.2（2024.7 重印）

ISBN 978-7-5472-5842-2

Ⅰ.①人… Ⅱ.①思… Ⅲ.①人生哲学－通俗读物Ⅳ.①B821-49

中国版本图书馆CIP数据核字(2019)第021939号

人生三境

出 版 人　张　强
编 著 者　思　履
责任编辑　陈春燕
封面设计　韩立强
出版发行　吉林文史出版社
地　　址　长春市净月区福祉大路5788号出版大厦
印　　刷　天津海德伟业印务有限公司
开　　本　880mm×1230mm　　1/32
印　　张　8
字　　数　199千
版　　次　2019年2月第1版
印　　次　2024年7月第6次印刷
书　　号　ISBN 978-7-5472-5842-2
定　　价　38.00元

前言

悠悠岁月中，人只不过是匆匆过客。我们只须从容走过，无须彷徨、犹豫和茫然，脚踏实地走好每一步路，才能使自己的人生充满色彩，达到理想境界。人生如此美丽，犹如清凉的月光、醉人的花香和清新的空气，弥漫、浸染在人生旅途中。面对烟雨花落温暖的春，面对绿叶婆娑热烈的夏，面对果实累累酣畅的秋，面对雪花覆地纯净的冬，我们怀着一种感激，去体验那超越平凡的无极之境。

"低得下头，沉得住气"是一个人成熟的标志，是成大事的基础。俗话说："直木遭伐，水满则溢；地低成海，人低成王。"历史上、现实生活中常常有这样一些人，他们很有能力，也不乏干劲，但为人傲气十足，处处把头抬得很高，不屑于屈就现实生活有意或无意设置的一些低矮"门槛"，这些人最终只能处处碰壁，被撞得头破血流，不但成就不了任何事业，甚至连容身之所都没有。低得下头，是一种智慧，更是一种能力。低头不是自卑，也不是怯弱，它是清醒中的嬗变。低头做人，可以使自己站得更稳，更容易被别人接受。"低"既是成功之要诀，又是处世之良方，唯有懂得低头，有朝一日才能出头。会低头，方能沉住气。着眼全局，审时度势。在平静中蓄势，在最恰当的时机爆发。低得下头，才能为人们所容纳、赞赏和钦佩；融入人群，营造和谐的人际关系；沉得住气，才能暗蓄力量，悄然前行，在不显山不露水中成就一番事业。达到这种境界，便可鲜花掌声等闲视之，挫折灾难坦然承受。

"经得起诱惑，耐得住寂寞"是成功必经之路。成功是我们所追求的，幸福是我们所渴望的，但我们要想达到目标，先要战胜两个无法躲避的"敌人"——诱惑和寂寞。这个世界充满了各种各样的诱惑，像金钱、美色、名誉、地位、权力等等，几乎是无处不在。诱惑的力量是无比巨大的，它能使人失去自我、迷失方向、掉入生活的深渊中。用定力抵制诱惑，虽会落寞一时，却能幸福一生。喜剧大师卓别林曾说："学会说'不'吧！那样你的生活将会美好得多。"诱惑是外扰，寂寞是内忧。寂寞是成功的基石，是成功前的蓄积。只有耐得住寂寞，才有时间和精力去刻苦钻研、奋然前行。少了物质的羁绊，少了心灵的纷扰，做事情就会更加投入和专注。寂寞不一定都能通向成功，但所有的成功必有一段在寂寞中奋争的过程。寂寞考察心境，诱惑考验定力。想要成功，就要耐得住寂寞；想要幸福，就要扛得住诱惑。承受不住平淡和寂寞，抵挡不了欲望和诱惑，成功与幸福将永远是我们的梦想。

"看得透人，想得开事"是为人处世的智慧。在瞬息万变的社会中，要想取得成功、实现理想，或是想生活得惬意安稳，是需要一定技巧的。而在众多的技巧中，不可不注意的就是察言观色——这种能从细微处看透人心的能力。我们每个人无时无刻不在与人打交道，学会从细微的事中了解他人的个性、心理，是帮助我们打开人际交往之门的钥匙。正如孔子所说："视其所以，观其所由，察其所安。人焉廋哉？人焉廋哉？"不管与什么类型的人交往，只有了解别人内心，看明白周围的人和事，才能做出相对应的准备和调整，投其所好，左右逢源，才能在人际交往、社会生活中更轻松、更有把握。唯有看得透的人，才能想得开，才不会因生活中的小事而生气，才不会斤斤计较，才不会为过多的选择而纠结，也不会抱怨生活的不如意。人在想得开的时候，其心灵之门便是敞开的，什么都能看得清楚，人生的是是非非便能解开。那么，你就会被快乐和幸福所拥抱。一个人在看得透、想得开的时候，目光会盯着光明的前方，生命则处于一种开放和旺盛的状态。能看淡生活中的一切时，生命则处于一种"宠辱不惊，闲看庭前花开花落；去留无意，漫随天外云卷云舒"的和谐状态。

《人生三境》一书主要讲解三种人生境界，它们分别是：低得下头，沉得住气；经得起诱惑，耐得住寂寞；看得透人，想得开事。本书从历史和现实中取材，对"人生三境"进行了深入浅出的阐释，睿智而富有哲理的观点和看法，能让读者在轻松的阅读中得到全面的人生启迪，学会为人处世及立足社会的必备智慧，更深刻地理解和把握人生，从容地面对生活中的各种问题。让我们在未来的人生旅程中，多一些得，少一些失；多一些成，少一些败。这些凝聚着无数前人智慧和经验的哲理是我们受益一生的法宝。只要你深刻领悟其中的道理，娴熟地掌握、运用，相信你一定能够成就自我，创造成功人生。

目录

上篇　低得下头，沉得住气

中篇　经得住诱惑，耐得住寂寞

第一章　面对诱惑，给欲望设个底线

第二章　淡看繁华，拒绝诱惑

第三章　在诱惑中坚守，在寂寞中坚持

下篇 看得透人，想得开事

低得下头，沉得住气

第一章

地低则为海，人低品自高

地低成海，人低为王

低调是成就伟大事业的起点，它"进可攻、退可守"，是一种看似平淡，实则高深的处世谋略。低调而为，初看起来好像比较消极。其实它并不是委曲求全、窝窝囊囊做人，而是通过少惹是非、少生麻烦的方式暗蓄力量、悄然潜行，以便更好地展现自己的才华，发挥自己的特长。纵观古今，那些经得住历史沉淀的事，那些取得成功的人，更多的得益于低调而为的处事原则。

美国开国元勋之一富兰克林年轻时，去一位老前辈家中做客。当他昂首挺胸地走进那座低矮的小茅屋时，只听"砰"的一声，他的额头撞在门框上，顿时青肿了一大块。

老前辈笑着出来迎接说："很痛吧？你知道吗，这是你今天来拜访我最大的收获。一个人要想成一番事业，要想洞明世事，练达人情，就必须时刻记住低头。"

富兰克林记住了老前辈的教诲，并将之奉为金科玉律，最终，这种低调为人处世的品格成就了他辉煌的一生。

万丈高楼平地起，每一个成功者，都是从低处、卑微处慢慢做起的。降低姿态，寻找机会的人，才能最终到达成功的巅峰。

尼采言："一棵树要长得更高，接受更多的光明，那么它的

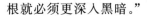

根就必须更深入黑暗。"

很多年前，一位年轻的日本女孩得到了步入社会的第一份工作——到东京帝国酒店当服务员，她要负责的工作是：洗马桶。

面对这样一份卑微甚至有些不堪的工作，对喜爱洁净，从未干过粗重活的女孩来说，心里不由产生了一些障碍。

"光洁如新"是检验这份工作的标准。这四个字意味着什么，她当然知道。虽然工作的机会很难得，但她还是犹豫了。关键时刻，酒店的一位前辈用实际行动给她上了一堂非常重要的人生课。首先，这位前辈用心地一遍遍擦洗着马桶，洗完后，他用杯子从马桶里盛了一杯水，一饮而尽，丝毫没有勉强之感。此时的她恍然大悟，从此痛下决心："就算一生洗厕所，也要做一名最出色的洗厕人！"

从此以后，她成为一个全新的、振奋的人，工作质量也达到了"光洁如新"的标准，赶上了那位前辈的水平。当然，为了检验自己对工作的信心，为了证实自己的工作质量，也为了强化自己的敬业精神，她不止一次地喝过厕水。在迈好了这人生关键的第一步后，她踏上了成功之路，开始走向人生的巅峰。

这个洗厕所的姑娘名叫野田圣子，是日本一家著名商社的董事长，她的名字在日本家喻户晓，她的事迹被广为传诵，她也被看作是从低处走向成功之巅的典范。

回过头想一下，低处并不可怕，可怕的是失去了向上攀登的勇气；卑微不是末路，只要还有一颗进取的心。低处并非全无希望，只要坚持努力，做好要做的事情，总有峰回路转的时候。

山不言其高，并不影响它的耸立云端；海不言其深，并不影响它容纳百川；地不言其厚，但没有谁能否认它承载万物的伟大。它们不言，是因为它们深深地知道，低调是强者最好的外衣，低调是阻力最小的成功之路。

韬光养晦，藏锋露拙

俗话说："人在屋檐下，不得不低头。"意思是说人在权势与机会不如别人的时候，要能低头退让，随机应变，保持一时的低调。就如古钱币的外圆内方，"边缘"要圆活，"内心"要守得住，有自己的目的和原则，将此当作磨炼自己的机会，借此取得休养生息的时间，以图将来东山再起。《三国演义》第二十一回"曹操煮酒论英雄，关公赚城斩车胄"讲的就是刘备韬光养晦的故事。

刘备因实力微弱不得不投靠曹操，大英雄难掩落寞，一旦寄人篱下，纵有千般雄心壮志，也只化得一声唯唯诺诺。刘备深知曹操乃多疑之人，自然容不得一个与自己同样野心勃勃的人。为防曹操谋害，他就在住处后院种菜，亲自浇灌，以为韬晦之计。关羽、张飞对此颇为不解，问刘备如此这般是为何，刘备回道："这不是二位兄弟所能理解的。"

一天，曹操派人请刘备去赴宴，刘备不知曹操用意，心里不免忐忑。席间，曹操与刘备谈到了天下的英雄人物，二人细数了袁术、袁绍、刘表、孙坚等人，不过曹操对这些人都不屑一顾。紧接着，曹操突然说道："若论天下英雄，只有您和我曹操了。"刘备闻听此言，大吃一惊，手中所持的筷子不觉掉到地上。正巧这时外面雷声大作，刘备便借此机会俯下身去拾起筷子，口中说道："一震之威，乃至于此。"曹操笑着说："大丈夫也怕雷震吗？"刘备说："圣人云'迅雷风烈必变'，怎能不怕呢？"这样，把自己闻言失态轻轻掩饰而过，而通过此举，曹操也就不再怀疑刘备胸有大志了。

几天以后曹操又请刘备喝酒，席间忽然有人来报，说淮南的袁术要和淮北的袁绍准备联合抗曹。刘备放下酒杯，当即表示愿带兵前往沙场。从此，刘备远离了曹操的监控，并最终成就了霸业。

《孟子》中说："天将降大任于斯人也，必先苦其心志，劳其筋骨，饿其体肤，空乏其身，行拂乱其所为，所以动心忍性，增益其所不能。"一个"动心忍性"，将所有的屈辱都包含殆尽，为所有的忍耐立下了名目。人生于天地之间，要想成就一番大事业，不是那么容易的，要忍受常人不能忍受的艰苦磨炼。这种磨炼首先是意志品质的修炼，优秀的意志品质不是生来就有的，靠的是后天的培养造就。良好的道德品质的养成，不仅要靠社会、家庭的教育，更主要的是靠自我教育、自我磨炼，忍耐人性不成熟到成熟的过程，这就是修身的工作。

然而，很多人却不懂得这个道理，取得了一些成功和荣耀之后，总是喜欢在别人面前炫耀，或者倚仗自己权高位重就恃强而骄，锋芒毕露。如此一来，便会得罪许多人。素来以傲慢无礼、举止粗鲁而闻名于世的赫鲁晓夫就尝到过锋芒毕露的尴尬滋味。

1957 年，美苏首脑举行会谈，美国总统尼克松应邀出访前苏联。在此之前，美国国会通过了一项《关于被奴役国家的决议》。这一决议遭到赫鲁晓夫的激烈抨击，本来他可以采取比较得体的方式表达自己的看法，但赫鲁晓夫选择了一个既有失身份，又有失国人尊严的方式。

在美苏首脑会谈中，他指着尼克松吼道："这项决议很臭，臭得像马刚拉的屎！没有什么东西比那玩意儿更臭了！"

在这种关系到国家和民族尊严的场合，尼克松当然也不甘示弱，他知道赫鲁晓夫年轻时曾当过猪倌，就一字一句地说："恐怕主席先生说错了，还有一样东西比马粪更臭，那就是猪粪。"

列夫·托尔斯泰说："大多数人都想改变这个世界，却极少有人想改造自己。"我们经常是按照自己的意愿为人处世，本来是棱角分明，还自以为是光芒四射。其实，在我们刻意显示出才华的时候，我们的才华已经减少了很多，因为我们的刻意，才华已经没有了它原来的光芒。所以，真正的低调者能够做到："以能问于不能，以多问于寡，有若无，实若虚。"

韬光养晦的核心含义是一个"能"字，以弱示人只是一个"不能"的表象而已。韬光养晦与以弱示人合起来的意思就是："能"但示之以"不能"。一个心智成熟的低调者更懂得：在外晦内明、外乱内整中，有意识地收敛锋芒，保存实力，这样可以捕捉到出手的最佳时机，最终实现有所作为或有所收获。

天之道，不争而善胜

"不争而胜"是一种低调处世的高超智慧。"不争"，就是为人处世尽量低调，使自己在心态和表面上保持在一种较为弱小的地位，这样既可以"麻痹"对手，还可以让自己获得上升和发展的空间。因此， "不争"就是一种低调的"争"，是一种"善胜"的"争"，是"天下莫能与之争"的符合天道的"争"。很多人生、事业上有所成就的强者都深谙其中的道理。

沈从文是现代著名作家、历史文物研究家、京派小说代表人物，因创作了《边城》《湘行散记》等一系列文学精品，使他在文学上赢得了很大的成功，获得了很大的名声和地位，但同时也引起了很大的争议，遭到了很多的批评。沈从文没有和反对自己的人据理抗争，他采取了超然的态度，对批评"置若罔闻"。最后，他的"不争"发展成为了主动退出。他放弃了自己心爱的文学创作，转而开始进行文物研究。

他的这种"为图清静"而"不争"的态度，更是饱受非议，就连朋友、战友等都对他此举大为不解。此时的沈从文依然未将这些放在心上，他心中自有大智慧，他说："新中国成立之后，在新的要求下，写小说有的是新手，年轻的、生活经验丰富、思想很好的少壮，能够填补这个空缺，写得肯定比我好。"他深深懂得"不争"未必不是好事。

在后来的工作中，沈从文在文物研究领域同样取得了卓越的成就，先后著述了《中国古代服饰研究》《古代镜子的艺术》

等专著。现在的戏剧、电视剧、电影的服装，很多都是根据沈从文《中国古代服饰研究》而制作的。

沈从文用"不争"为自己的人生画出了另一道"彩虹"，让自己的事业更上了一层楼。反过来再看看那些"善争"的人，后来又怎样呢？他们又有多少可以留下来的成果呢？

"不争"的道理蕴涵于生活的方方面面。例如，在一个狭窄的十字路口，有许多车辆挤在一起，互不相让，把路堵得水泄不通。如果这时能有几辆车从中先退出来，或者掉转车头另行择路，那么路将会畅通无阻。由此可见，"不争"会开辟新的成功路径。

"不争"的低调是一种儒雅的人生气质，是一种成就大事的方式。特别是在激烈竞争的现代社会中，可以说，低调是强者最好的外衣。

适者才能生存

人们常说"人与天斗，其乐无穷"，并将这当作是一个势强者的处世之道。事实上，单凭一时的冲动和盲目的自信，未必能达到目的。这个道理听起来似乎会让很多充满自信的人觉得反感，但细细思量，顺应天道，有时候确实能获得更好的发展机会。

小赵所在的公司要裁员，不过他毫不担心，因为在他看来，自己作为行政经理，一直工作努力、业绩出色，裁员这种事是不会落到自己身上的。

没想到，几天之后，行政总监找他谈话，希望他能考虑一下，先到分公司的行政部工作一段时间。这个要求被小赵当场拒绝了，他认为凭借自己的能力和才干，去分公司工作太屈才了。不过，尽管他不同意调离，但几天之后，调令还是下来了。

小赵决定辞职，行政总监挽留他，希望他能再考虑一下，也希望他能体谅公司现在的难处，但小赵去意已决。行政总监见已无可挽回，便没再多说。不过，在小赵临走之前，他提出了一个要求，希望小赵晚上能到他家去，自己想为他饯行。

因总监平时对小赵很是器重，小赵没有拒绝。

小赵本以为，总监一定会在饭桌上再次挽留自己，可是没想到，总监一句没提工作的事情，而是为小赵放了一段电影。

总监播放的电影是一部科学纪录片，描述的是在白垩纪、侏罗纪时代地球上的种种生物，包括恐龙、鳄鱼、蜥蜴、变色龙等爬行动物。小赵实在想不出来这有什么好看的，不过既然答应了总监也只能勉强看完。

影片是随着恐龙的灭绝而结束的。小赵站起来要走的时候，总监忽然说了句奇怪的话："势力那么强大的恐龙灭绝了，而不占优势的蜥蜴却繁衍生息到现在。势强者的悲哀就在于此。蜥蜴虽然很弱小，比它大的动物几乎都是它的天敌，但它在地球上生活了上亿年，蜥蜴的生存之道就是适应。适者生存，而不是势强者生存啊！"回家的路上，小赵一遍又一遍地回味着总监的话。突然间，他明白了，自己原来就是职场上的那只"恐龙"。

接下来，小赵服从安排到分公司报到了。而且工作比原来更努力，业绩也更出色。半年之后，公司情况好转，总监又把小赵调回了总公司，而且给他升了职。

达尔文曾经说过："应变力也是战斗力，而且是重要的战斗力。得以生存的不是最强大或最聪明的物种，而是最善变的物种。"也有一位经济学家说过："千规律，万规律，经济规律仅一条：适者生存。"

在激烈竞争的现代社会中，要想很好地生存，就要学会低调，学会像水一样适应环境。水本无形，也可以有形。放在桶里的水是圆的，放在箱子里的水是方的，它随势而变，不拘一格。只有学会像水一样，善于随着周围环境的改变而改变，随行就市，不断调整自己，改变自己，使自己能够适应周围的大气候，才能在竞争中处于不败之地。

无为而治方成大事

"无为而治"是低调者的守胜之道。他们不会沉醉于无谓的争吵、无端的患得患失、无边际的吹擂，也不会为无谓的事情浪费过多的精力。低调者能时刻保持一颗无为的心，能够从生活中找到快乐，能以"去留无意，任天空云卷云舒；宠辱不惊，看窗外花开花落"的洒脱面对各种功名利禄。

所以，当你已经取得不小的成功时，不妨卸下身上所载的包袱，以超然的态度面对一切，反倒会取得更多的收获。

范蠡是一位具有传奇色彩的人物。他的一生，大起大落，从楚到越，由越到齐，由布衣客到上将军，由流亡者到大富翁。

范蠡以其坚忍不拔的毅力和宏远的谋略辅佐勾践"卧薪尝胆"，兴复濒于灭亡的越国，灭亡称霸诸侯的吴国，创造了扶危定倾的奇迹，以"勇而善谋""能屈能伸"著称于世。然而就在"吴王亡身余杭山，越王摆宴姑苏台"的举国欢庆之时，他却毅然请辞，遂与西施隐姓埋名，泛舟于五湖之上。

当天下人都为其此举感到惋惜，认为他从此将退出历史舞台之时，他却并没有就此绝迹，而是带领儿子和门徒在海边结庐而居，戮力垦荒耕作，兼营副业并经商，没有几年，就积累了数千万家产。他仗义疏财，施善乡梓。范蠡的贤明能干被齐人赏识，齐王把他请进国都临淄，拜为主持政务的相国。他喟然感叹："居官至于卿相，治家能致千金；对于一个白手起家的布衣来讲，已经到了极点。久受尊名，恐怕不是吉祥的征兆。"于是，才三年，他便向齐王归还了相印，散尽家财于知交和乡邻。

一身布衣的范蠡第三次迁徙至陶（今山东定陶西北），在这个居于"天下之中"的最佳经商之地，操计然之术以治产，没出几年，经商积资又成巨富，遂自号陶朱公，当地民众皆尊陶朱公为财神。后来，范蠡被称为我国道德经商——儒商之鼻祖。

范蠡的军事宗旨、经济思想至今对现代化建设也有积极的现实意义。

范蠡用他出色的智谋造就了春秋晚期吴越争霸的传奇色彩，助勾践成就霸业的最大功臣非他莫属，按常理发展下去，定是位居高官，一人之下，万人之上，一生将有享不尽的荣华富贵，事实却是截然相反的。他弃高官而步平民之路，让很多人大跌眼镜，因为"与王共享天下"是万千人求也求不来的。不仅如此，范蠡还用"飞鸟尽，良弓藏，狡兔死，走狗烹"的古训来规劝对他有知遇之恩的同僚文种也远离这"是非之地"，然而文种未听此言，最后为勾践所不容，赐剑自刎而亡。范蠡正是无为而治的典范，因为他早已看破了"不欲功于臣下，疑忌之心已见"的时局，道出了"敌国破，谋臣亡"的千古名言，难怪有后人曾评论说："文种善图治，范蠡能虑终。"

人们的欲望是无边无际的，难免有扩大的倾向，我们应该认清其界限，满足于目前所能拥有的，心存感恩之心。尽管在数量上攫取拥有了许多，但这未必就能带给自己幸福。尤其是人在得到名利、金钱、地位后，还要有所追求和坚守。在这过程中，一定要注意：低调做人，清心寡欲，无为而治，这才是强者的守胜之道。

为人谦虚显修养

"谦受益，满招损"是中国的一句古训，告诫人们：谦虚作为一种美德应该人人具备。所谓的谦虚，即虚心而不自满。不自满，才能经常保持一种似乎不足的状态，因而才能获得更大的、更多的益处。

谦虚是一种低姿态，不仅对一般人有用，对处于高位的人更为有用。《易经·谦卦》中说："谦尊而光。"即尊者有谦卑的美德，更能使人光明盛大。但凡有作为的人，常用谦卑来培养

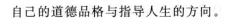

自己的道德品格与指导人生的方向。

京剧大师梅兰芳先生就是一个谦谦君子。梅兰芳先生不仅在京剧艺术上有很深的造诣，而且还画得一手好画。他拜名画家齐白石为师，虚心求教，总是执弟子之礼，经常为白石老人磨墨铺纸，从不因为自己的名声而自傲。

有一次，齐白石和梅兰芳同到一家做客，齐白石老人先到。他一身朴素，与其他宾朋的西装革履或长袍马褂相比，显得有些寒酸。又因许多人并不认识他，所以被冷落一旁。不久，梅兰芳也到了，主人自然出门相迎，其余宾客也都蜂拥而上，一一与之握手寒暄。梅兰芳事先知道齐白石也会来赴宴，但四下环顾，寻找老师。在一个角度里，他看到了被冷落的老师。这时，他让开其他宾朋伸来的手，挤出人群向齐白石恭恭敬敬地叫了一声"老师"，并向他致意问安。在座的人见状很惊讶，而齐白石则深受感动。几天后特向梅兰芳馈赠《雪中送炭图》并题诗道：

记得前朝享太平，布衣尊贵动公卿。

如今沦落长安市，幸有梅郎识姓名。

梅兰芳不仅拜名家为师，也拜普通人为师。有一次，演出京剧《杀惜》时，在台下观众的连连叫好声中，他突然听到有一位老观众说了声"不好"。演出结束后，梅兰芳来不及卸装更衣就用专车把这位老人接到家中。恭恭敬敬地对老人说："说我不好的人，是我的老师。先生说我不好，必有高见，定请赐教，学生决心亡羊补牢。"老人也不客气："阎惜姣上楼和下楼的台步，按梨园规定，应是上七下八，博士为何八上八下？"梅兰芳恍然大悟，连声称谢。以后梅兰芳经常请这位老先生观看他演戏，请他指正，称他"老师"。

一般来说，在事业尚未取得胜利和取得较小胜利的时候，一个人保持谦虚的态度还是比较容易的，而在取得较大胜利或较大成就的时候，继续保持谦虚的态度就困难得多了。胜利和成就，本来是好事，是值得欢欣和庆祝的事，但我们应当清醒地看到，在胜利的激流中，许多时候都暗藏着一堆骄傲的暗礁，如果不警惕，它们往往就会把前进的船只撞碎。胜利者在取得伟大成就后仍然保持谦虚，这是最大的英明，也是我们从一个胜利走向另一个胜利和立于不败之地的重要保证。一个真正懂得低调的人，必然是一个谦虚的人，这样的人终将大有作为。

谦虚不是故意贬低自己，也不是虚伪的应付。谦虚的态度是基于对自己深刻的认识，是发自内心的真诚。

以弱示人，以智取胜

俗话说："狭路相逢勇者胜。"此话不假，但在这种情境下，双方必定是势均力敌，所以才需要依靠勇气来决定输赢。那么，当双方势不均、力不衡的时候，处于弱势的一方是不是注定会失败呢？当然不是。如果这时候，处于弱势的一方能够巧妙地将自己的弱处主动显露出来，就会使对手在很大程度上做出错误的判断，放弃对你的主动进攻。退一步来说，即使不会让你一举得胜，也可以迟滞对方做出决定的时间，从而给你留出反击的时间。这样，你便可以找到反击的机会。这是一种险中求退、退中求进的策略，更是低调者处世为人必备的条件。

放低姿态，示人以弱，古往今来一直都是众多处于弱势的人在与强者的竞争中取胜的一大法宝。

战国时期，魏国和赵国一起攻打韩国，韩国向齐国紧急求救，齐国派田忌和孙膑带兵前去解韩国之围。齐军向魏国首都大梁（今河南开封）进发，摆出攻魏的样子，吓得魏国将军庞涓急忙调兵回头，紧随齐军追赶，妄图一举消灭齐军。孙膑了解到这种情况后，对将军田忌说："魏军一向剽悍恃勇而轻视齐军，我们就利用魏军的这个弱点，来个进军减灶，假装胆怯，给庞涓一个假象，这样可以很快把他消灭掉。"

大军浩浩荡荡地向西行去，开饭时候到了，十万大军埋锅造灶，绵延数里，蔚为壮观。隔了一日，庞涓追到齐军做饭的地方，看到了遍地的土灶，命令士兵统计，庞涓得知齐军有十万之众，他因此不敢轻举妄动，只好在后面慢慢地追赶。又一次到了做饭的时间，孙膑下令把灶减少一半，只埋五万个灶，士兵们不知是什么用意，却也只好从命。又隔近一日，庞涓赶到此处，一数齐军之灶，只剩五万，便有些偷喜，心想："齐军果然害怕了，两天便跑掉了一半！"于是便下令魏军加快行军步伐。第三天做饭时，孙膑只让士兵们做了三万个灶，半天后庞涓追到这里，一数锅灶，发现只有三万个了，庞涓不禁哈哈大笑："我知道齐军本来就胆小害怕，到魏国才三天，就跑掉了一大半。"于是便命令步兵原地待令，只带精锐骑兵几千，以两倍于平日的行程追击齐军。

此时，孙膑估计庞涓傍晚会赶到马陵。马陵道路狭窄，重峦叠嶂，地势十分险要，孙膑便在路两旁埋伏好弓箭手。果然，庞涓傍晚赶到马陵，他还未来得及喘口气，齐国射手万箭齐发，魏军大乱，庞涓自知智穷兵败，只好拔剑自杀。

孙膑的示弱只是一种手段，绝不是目的，他的目的是通过示弱来赢得最后的胜利。虽说示弱有时可以成大事，但是如果没有强劲的实力做后盾，那么这种弱便不是"装弱"而是真弱了，那样便会弄巧成拙，一败涂地。

因此，低调者要敢于示弱，低调者也要巧于示弱，低调者更要精于示弱。示弱是一种以柔克刚的技巧，是成功的低调者必备的技巧。

若取之先予之

世上没有免费的午餐，农民想要收获粮食，就必须先在春天播种，夏天耕作，秋天收割；学生想要考试取得好成绩，就必须认真听讲，多做复习，认真考试；业务员想取得好的业绩，就必须先培养好客户，掌握销售技巧；歌手想要让大家喜欢自己，也得先把音乐学好，还要学习表演和做人。这都是"先予后取"的例子，这个成语告诉我们不要计较当前利益得失，而应该看重长远发展前景。通俗地讲就是"吃小亏，占大便宜"。低调的人之所以成功，主要因为他们把握好了"先予""十予不一取"的原则。

三国时期，诸葛亮准备北伐中原，完成统一天下的伟业。可恰在此时，与蜀汉接壤的南中地区发生了叛乱，首领是当地很有影响的一个人物，名叫孟获。为了维护蜀国的统一，也为了不让叛乱影响自己的大计，诸葛亮经过积极准备，向南中进军。

诸葛亮出兵不久，就下了一道命令：不准杀害孟获，一定要捉活的。这是诸葛亮使的计策，目的是收服孟获的心。第一回合，蜀中大将王平依诸葛亮之计将孟获引到"埋伏"内，将其生擒。孟获一副"要杀便杀，要剐便剐"的架势，没料到，诸葛亮却放了他。孟获第一次战败，心中本就不服，于是被放回去后便又开始挑战，就这样，先后与蜀军大战了七次，结果每次都战败，而且被生擒。就这样，诸葛亮一共放了他七次。

"七擒七纵"之后，孟获彻底服了。自那之后，孟获死心塌地归顺了蜀汉，直到诸葛亮死，他都没有再叛乱。

诸葛亮收服孟获遵循的正是"先予之，后取之"的道理。诸葛亮深懂低调的内涵，对于十分顽固的孟获，他没有一味地使用强硬的手段去硬碰硬，而是以柔克刚，感化他。如果诸葛亮高调行事，以暴制暴，那就会完全适得其反了。

"先予后取"的要领就是不计当前利益，看重长远的利益，吃小亏，占大便宜，所有的退却都是为了将来更大的发展做铺垫。我国著名的史学家范晔说："天下皆知取之为取，而莫知与之为取。"予与取是可以转化的，即使效果不是马上就能看到，天长日久，功效自然就显出来了。

愚蠢的人只知道一味地索取，而聪明的人知道先予后取。

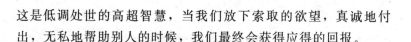

这是低调处世的高超智慧，当我们放下索取的欲望，真诚地付出，无私地帮助别人的时候，我们最终会获得应得的回报。

得饶人处且饶人

荀子说："君子贤而能容罢，知而能容愚，博而能容浅，粹而能容杂。"意思是说，人格高尚有道德才能的人能够容得下被放弃，懂得停止，能够容忍别人的无知。这样的人虽然知识渊博，却能和没有文化的平民相处，即使自己非常专业且精通某种理论，却也可以容得下其他不同的见解。简单来说就是能容忍别人的缺点，接受别人的意见，不自以为是。这是对低调者品格的最佳诠释。

在现实的生活中，我们总会遇到一些说了对不起自己的话或做了对不起自己的事的人。这时候，如果能够宽容相对，而不是去针锋相对，那么不仅可以显示我们高超的人格，更能使我们受到更多的尊敬。

从前，有一位德高望重的高僧，他受到邀请去参加一个大型的素宴。开席的时候，高僧发现在一盘素菜中竟然有一块猪肉。这时候，高僧的徒弟故意用筷子把肉翻出来，打算让主人看到，去惩罚厨师。然而，高僧却立刻用自己的筷子把肉又掩盖了起来。过了一会儿，徒弟又把猪肉翻出来，高僧再度把肉遮盖起来，并在徒弟的耳畔低声说："如果你再把肉翻出来，我就把它吃掉！"徒弟听到后，就此作罢了。

散宴之后，归途中，徒弟不解地问："师父，刚才那厨子明明知道我们和尚不吃荤的，还把猪肉放在素菜中，真是可恶。徒弟只是要让主人知道，处罚处罚他。"

高僧说："每个人都会犯错误，无论是有心还是无心。如果让主人看到了菜中的猪肉，盛怒之下他很有可能当众处罚厨师，甚至会把厨师辞退，这都不是我愿意看见的，所以我宁愿把肉吃下去。”

如果得理之时不饶人，把对方逼得走投无路，就有可能会激起对方"求生"的意志，他因此也会不择手段地反抗。所以，在别人理亏的时候，更要学会放他一条"生路"，这样也更容易让他改过自新，并对你心存感激。

林肯对政敌素以宽容，这也是他为人低调的一种体现。有一次，他的一位部下就此事向他提出了意见："你不应该试图和那些人交朋友，而应该消灭他们。"然而林肯却微笑着回答："当他们变成我的朋友，难道我不正是在消灭我的敌人吗？"

的确，我们要容许别人犯过失，也要容许别人改正错误。不能因为某人某时有某种过失，便一棍子打死。俗话说，得饶人处且饶人。放对方一条生路，给对方一个台阶，就是给别人一个从新改过的机会，也是给了自己一次帮助朋友的机会。

和气之间共成事

孟子说过："天时不如地利，地利不如人和。"三者之中，"人和"是最重要，并起决定作用的因素。而一个低调的人，必是一个懂得"人和"之道的人。

善于与人沟通、合作的人，一般来说都是待人和气的人。在与别人和和气气的交往过程中，他们在不知不觉地成就自己的大事。和和气气就是与人交往时，在非原则的问题上不斤斤计较，能够大度容人，宽以待人，求同存异，以德报怨。和和气气有助于扩大交往的空间，提升人际关系，消除人际间的紧张和矛盾。著名战斗机飞行员鲍伯·胡佛，就懂得与人和气合作的重要性，并把与人和气合作提到了一个关键的地位上来。

鲍伯·胡佛的飞行经验十分丰富，技术高超。在漫长的试飞生涯中，顺利地试飞了很多种机型。

有一次，他又接受命令参加飞行表演，完成任务后他飞回机

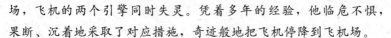

场，飞机的两个引擎同时失灵。凭着多年的经验，他临危不惧，果断、沉着地采取了对应措施，奇迹般地把飞机停降到飞机场。

飞机降落后，他和安全人员一起检查飞机出事的原因，发现造成事故的原因是油用错了，他驾驶的是螺旋桨飞机，用的却是喷气机用油。

负责加油的机械工吓得面如土色，见了胡佛便痛哭不已。因为机械工一时的疏忽险些造成飞机失事和飞行员的死亡。胡佛并没有对他大发雷霆，而是上前抱住那位内疚的机械工，真诚地对他说："没关系，伙计，我想请你明天仍帮我做飞机的维修工作。"

胡佛和和气气地对待了那个机械工，让他有自省的机会，同时机械工也认识到了自己的失误，更加敬重胡佛的为人了。后来，这位机械工一直跟着胡佛，负责他的飞机维修，而且再也没有出现过任何差错。他陪胡佛走过了漫长的试飞生涯，也伴随胡佛登上了事业的高峰。

由此可见，和气待人不仅表现在日常的交往中，如果能给犯错误的人一个改正的机会，不以一时一事取舍人，这是一种更大意义上的和气，而由此换来的也将是别人更多的信任、敬佩，以及自身事业和人生上的更大成功。

除此之外，待人和气还表现在其他许多方面：当遭到别人误解时，不可迁怒于人；当自己的利益与别人的利益相冲突时，不要斤斤计较；当交往发生矛盾时，要多想想自己的不足，诚恳地进行自我批评；当双方的观点出现分歧时，要求同存异，不抬高自己贬低别人……这样双方的交往才会长久地保持和发展下去，所以说，和和气气地待人，才能与人共成大事。

俗话说："失金者是小失，失友者是大失。"如果我们能用平和的心胸，给别人多一点时间、多一分理解、多一分包容，那么我们就会得到更多的支持和拥护，从而在事业和人生上取得更多、更大的成功。

第二章

低下头，成就自信人生

在逆境中潇洒走一回

生活中，如果你没有被逆境所吓倒，反而能够任凭风浪起，稳坐钓鱼台，并以乐观的态度，把它们想像成理所当然的话，你实际上已经奏响了在逆境中洒脱前行的前奏。

许多逆境往往是好的开始。有人在逆境中成长，也有人在逆境中跌倒，这其中的差别，就在于我们是如何看待。如果站起来便能成就更好的自己。硬是在地上赖着，自怨自怜悲叹不已的人，注定只能继续哭泣。面对逆境，洒脱处之，方能领悟人生的自在与从容。

古今名人中，能真洒脱者，大有人在。唐朝诗人刘禹锡，因革新遭贬，他不为压力所阻，仍以顽强的精神与政敌相抗争，写出"玄都观里桃千树，尽是刘郎去后栽""种桃道士归何处？前度刘郎今又来"的乐观诗句，他以潇洒的态度，超过"巴山蜀水凄凉地"，坚守"二十三年弃置身"的人格，终于迎来了仕途上新的春天。

有人把洒脱理解为穿着新潮，谈吐俏悦，举止干练飘逸。实际上，这只是浅层次的认识。真正的洒脱，应该是指那种不以物喜，不以己悲，顺境不放纵，逆境不颓唐的超然豁达的精神境界。有的人，在身处绝境时，仍不绝望，而是提高生命的质量，以有效率的工作，使有限的生命更有意义。他们的生命

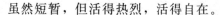

虽然短暂，但活得热烈，活得自在。

顺境有时会变成一个陷阱，因为身处顺境的人，容易为眼前的景致所迷惑，而忘记了危险的存在。历史上处于顺境中由于得意忘形而最后身遭横祸的人举不胜举。在这里，成功反而成为失败之母。在逆境中，有的人疯了，有的人自杀。也有的人化作不死鸟，涅槃后而重生，从他们身上发出的光照亮了世间各个角落。

顺境容易让人浅薄，逆境让人深刻。霍兰德说："在黑暗的土地上生长着最娇艳的花朵，那些最伟岸挺拔的树林总是在最陡峭的岩石中扎根，昂首向天。"并非每一次不幸都是灾难，早年的逆境通常是一种幸运。既然如此，身处逆境，不妨像那首歌唱的那样：何不潇洒走一回。

再苦也要笑一笑

再苦也要笑一笑，是一种乐观的心态。它是面对失败时的坦然，是身处险境中的从容。它可以使你学会欣赏日出时的活力四射，光彩照人；也可以令你驻足感受落日时的安闲柔和，娴静雅致。它可以让你喜欢春的烂漫、夏的炽烈，也可以让你体会到秋的丰盈、冬的清冽。人生中，不尽如人意者十之八九。你可能吃饭的时候不小心被噎住了，可能出门的时候踩了一脚烂泥，也可能生了病住进了医院。每一天，在我们身边都有可能发生这样的事情，而且很多时候来得还很突然，让我们没有一点准备。面对这样突如其来的事情，即使你的心里再苦，也请笑一笑。

再苦也要笑一笑，你的眼泪对谁都不重要。得多得少别去计较，总会有人过得比你好。再苦也要笑一笑，即使石头砸到自己的脚，痛不痛反正只有脚知道，有人想砸还砸不到。再苦也要笑一笑，上天自有公道，无论走到哪里，总会有人比你更

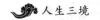

糟，这个世界刚刚好。

柯林斯先生是一家饭店的经理，他的心情总是很好。每当有人客套地问他近况如何时，他总是毫不考虑地回答："我快乐无比。"每当看到别的同事心情不好，柯林斯就会主动打探内情，并且为对方出谋献策，引导他去看事物好的一面。他说："每天早上，我一醒来就对自己说，柯林斯，你今天有两种选择，你可以选择心情愉快，也可以选择心情不好，我选择心情愉快。每次有坏事发生，我可以选择成为一个受害者，也可以先去面对各种处境。归根结底，你自己选择如何面对人生。"

然而，即便是这样一个乐观积极的人，也会遇到不测。

有一天，柯林斯被三个持枪的歹徒拦住了。歹徒无情地朝他开了枪。幸好发现得早，柯林斯被送进急诊室。经过18个小时的抢救和几个星期的精心治疗，柯林斯出院了，只是仍有小部分弹片留在他体内。

半年之后，柯林斯的一位朋友见到他。朋友关切地问他近况如何，他说："我快乐无比。想不想看看我的伤疤？"朋友好奇地看了伤疤，然后问他受伤时想了些什么。

柯林斯答道："当我躺在地上时，我对自己说我有两个选择：一是死，一是活，我选择活。医护人员都很善解人意，他们告诉我，我不会死的。但在他们把我推进急诊室后，我从他们的眼神中读到了'他是个死人'。那一刻，我感受到了死亡的恐惧。我还不想死，于是我知道我需要采取一些行动。"

"你采取了什么行动？"朋友问。

柯林斯说："有个护士大声问我有没有对什么东西过敏。我马上答：'有的。'这时所有的医生、护士都停下来等我说下去。我深深吸了一口气，然后大声吼道：'子弹！'在一片大笑声中，我又说道：'请把我当活人来医，而不是死人。'"柯林斯就这样活下来了。

苦难并不可怕，只要心中的信念没有萎缩，人生旅途就不会中断。柯林斯非常珍惜自己的生命，面对死亡、面对被子弹击中的痛苦，尚能够如此乐观和坦然，这是它能够获得重生最重要的条件。所以你要微笑着面对生活，不要抱怨生活给了你太多的磨难，不要抱怨生活中有太多的曲折，更不要抱怨生活中存在的不公。当你走过世间的繁华，阅尽世事，你就会明白：人生不会太圆满，再苦也要笑一笑。

把磨难当做一笔财富

佛在摆脱魔鬼的侵扰后才彻底觉悟，人在经历磨难后会彻底成熟。为什么拿破仑能够突破重重阻力而叱咤风云？为什么海伦·凯勒在双目失明的情况下，心中依然有光明之梦？因为他们都经历过一个又一个的磨难，并且在磨难的打击中迅速成长起来。也正因为如此，这些人在磨难面前能够镇定自若，"泰山崩于前而色不变，猛虎趋于后而心不惊。"磨难不仅成为他们的一笔财富，还把他们引领入从容自在的大境界。磨难的宝贵之处在于，它能够促进人们成长。这与大风大浪里才能哺育出大鱼，而风平浪静里只能喂养出小鱼是一个道理。

某地有一条大河，河的旁边有一个水潭，水潭里有很多鱼，潭边经常聚集着一些钓鱼的年轻人。但是这段时间，他们发现有一个奇怪的渔夫，他在潭边不远的河段里捕鱼，那是一个水流湍急的河段，雪白的浪花翻卷着，一道道的波浪此起彼伏。在浪大又那么湍急的河段里，这是一段鱼根本不能游稳的河段呀，怎么会捕到鱼呢？年轻人百思不得其解，便觉得这个渔夫很愚蠢、可笑。

有一天，有个好事的年轻人终于忍不住了，他放下钓竿去问渔夫："鱼能在这么湍急的地方留住吗？"

渔夫说："当然不能了。"

年轻人又问："那你怎么能捕到鱼呢？"渔夫笑笑，什么也没说，只是提起他的鱼篓在岸边一倒，顿时倒出一团银光。那一尾尾鱼不仅肥，而且大，一条条在地上翻跳着。

年轻人一看就傻了。这么肥这么大的鱼是他们在深潭里从来没有钓上来的。他们在潭里钓上的，多是些很小的鲫鱼和小鲦鱼，而渔夫竟在河水这么湍急的地方捕到这么大的鱼。年轻人愣住了，更加迫不及待地想知道答案。

渔夫笑笑说："潭里风平浪静，所以那些经不起大风大浪的小鱼就自由自在地游荡在潭里，潭水里那些微薄的氧气就足够它们呼吸了。而这些大鱼就不行了，它们需要水里有更多的氧气，没办法，它们就只有拼命游到有浪花的地方。浪越大，水里的氧气就越多，大鱼也就越多。"

在常人的意识中，风大浪大的地方是不适合鱼生存的，所以故事中的年轻人会选择风平浪静的深潭去捕鱼。但他恰恰想错了，一条没风没浪的小河是不会有大鱼的，而大风大浪恰恰是鱼长大长肥的唯一条件。大风大浪看似是鱼儿们的苦难，实际上恰是这些苦难使鱼儿们茁壮成长。"宝剑锋从磨砺出，梅花香自苦寒来。"磨难就是财富。

张海迪在轮椅上完成了一部外国名著《海边诊所》的翻译；贝多芬丧失听力后，写出了传世的《命运交响曲》；陈景润在极其困难的环境中，完成了哥德巴赫猜想的论证；海伦·凯勒是一个又盲又聋又哑的人，而她却写出了鼓舞了千万人的《假如给我三天光明》。他们用自己的亲身经历，唤醒了每一位对生活失去信心的人；他们用自己的奋斗经历，谱写了拼搏人生、战胜宿命的凯歌。

一个人，为了实际梦想，求得人生的大自在，必须学会忍受种种痛苦：浪迹天涯、抛妻别子的思乡之苦；脏活累活苦活全干的身体之苦；屡遭白眼与冷嘲热讽的心理之苦……只要你学会忍耐，任何磨难对你而言都是一笔宝贵的财富。

不在意寒蝉的讥笑

大鹏奋力而飞，翅膀就像垂天的云彩。它等候海上飓风到来，然后扶摇直上，水击三千里，鹏程万里。然而燕雀寒蝉却对于大鹏的"不鸣"不以为然，它们讥笑道："只要有个树枝可以落脚即可，何必非要飞到九万里的高空呢?"寒蝉的讥笑，只不过是"小知不知大知"，而大鹏志在千里，不鸣则已，一名惊人，因此，它们能够忍耐，等待一飞冲天机会的到来。

战国时期政治家苏秦自幼家境贫寒，温饱难继，读书自然是一件非常奢侈的事。为了维持生计和读书，他不得不时常卖自己的头发和帮别人打短工，后来又离乡背井到了齐国拜师求学，跟鬼谷子学纵横之术。

一段时间以后，苏秦自以为学业有成，便迫不及待地告师别友，游历天下，以谋取功名利禄。数年后不仅一无所获，自己的盘缠也用完了。在走投无路之际，穿着破衣草鞋踏上了回家之路。

到家时，苏秦已骨瘦如柴，全身破烂肮脏不堪，满脸尘土，与乞丐没有什么差别。妻子见他这个样子，摇头叹息，继续织布，虽然充满同情，但还是显得很冷漠；嫂子的鄙夷则更加明显，当见他这副落魄的样子，扭头就走，不愿给他做饭；父母、兄弟、妹妹不但不理他，还暗自讥笑他说："按我们周人的传统，应该是安分于自己的产业，努力从事工商，以赚取十分之二的利润。他现在却好，放弃这种最根本的事业，去卖弄口舌，落得如此下场，真是活该!"

苏秦身为七尺男儿，身受此辱，实在是无地自容，惭愧而伤心。他关起房门，不愿意见人，对自己作了深刻的反省："妻子不理丈夫，嫂子不认小叔子，父母不认儿子，都是因为我不争气，学业未成而急于求成啊!"

对于别人的讥笑，苏秦选择了忍耐，他要重振精神，发愤再读书。他搬出所有的书籍，用心钻研。他每天研读至深夜，有时候不知不觉伏在书案上睡着了。

第二天醒来，苏秦懊悔不已，痛骂自己没有用，但又没有什么办法不让自己睡着。为了珍惜时间，苏秦还发明了防止打瞌睡的办法，那就是著名的"锥刺股（大腿）"，以后每当要打瞌睡时，他就用锥子扎自己的大腿一下，让自己猛然"痛醒"，保持苦读状态。他的大腿因此常常是鲜血淋淋，惨不忍睹。

就是在这样的磨砺中，苏秦博览群书，学富五车。后来，他写出"揣""摩"二篇。这时，他充满自信地说："用这套理论和方法，可以说服许多国君了！"苏秦开始游说六国，终获器重，挂六国相印而声名显赫，开创了自己辉煌的政治生涯。

生活永远在源源不断地制造着讥笑，这是不变的话题。没有人能一生不遭遇到别人的讥笑，但是比这更重要的是你的态度。有些人一辈子被讥笑淹没，自暴自弃；而有些人则因讥笑而奋发，成就一番功名，这才是人生的强者。所以，做人就要像大鹏那样，对寒蝉的讥讽一笑而过，然后奋发图强，自由自在地翱翔于广阔的天空。

不因耻辱而消沉

人生在世，难免会遭遇耻辱。面对耻辱，如果灰心丧气，不敢锐意进取，那么就难免为境遇所左右。只有超乎境遇之外，将耻辱当作一种寻常际遇，心灵才能自由。

巴尔扎克曾经说过："世界上的事情永远不是绝对的，结果完全因人而异。苦难对于天才是垫脚石，对于强者是一笔财富，对于弱者是万丈深渊。"成功并不是随随便便就能取得的，那些成功的人所经历的苦难是一般的人所不能感受到的。很多时候，我们只看到别人成功时候的光彩与绚丽，真正成功背后的辛酸，只有亲身经历了才能体会到。如同月有阴晴圆缺一样，人的一生不可能永远都在鲜花与掌声中度过，耻辱和挫折与人生相依相伴。当受到耻辱时，有人自怨自艾，意志消沉，一蹶不振；有人却不屈不挠，努力拼搏，摆脱耻辱，从中感悟人生的真谛，体味世间的人情冷暖。痛苦是幸福的前奏，欢乐在痛苦中孕育，晶莹璀璨的珍珠来自于河蚌与沙子的苦苦相搏。

正当司马迁在专心致志写作《史记》的时候，一场飞来横祸突然降临到他的头上。原来，司马迁因为替一位投降匈奴的将军辩护，得罪了汉武帝，锒铛入狱，还遭受了酷刑。

受尽耻辱的司马迁悲愤交加，几次想血溅墙头，了此残生，但又想起了父亲临终前的嘱托，更何况，《史记》还没有完成，便打消了这个念头。他想："人总是要死的，有的重于泰山，有的轻于鸿毛，我如果就这样死了，不是比鸿毛还轻吗？我一定要活下去！我一定要写完这部书！"想到这里，他把个人的耻辱和痛苦全都埋在心底，发奋著书。

为了心中的《史记》，他不论严寒酷暑，总是起早贪黑。夏季，每当曙光透过窗户照进囚室，司马迁就早早地借着朝阳的光芒，写下一行行文字。无论蚊虫如何肆无忌惮地叮咬他，如何用刺耳的"嗡嗡"声刺着他的耳膜，他总能毫不分心，在如此恶劣的环境下坚持写书。冬季，无论凛冽的寒风如何像刀子般刮在他的脸上，无论呼呼的北风如何灌进他的袖口，他总能丝毫不受外界干扰，坚持著书。

就这样，司马迁发愤写作，用了整整13年的时间，终于完成了一部52万字的辉煌巨著——《史记》。这部前无古人的著作，几乎耗尽了他毕生的心血，是他用生命写成的。

司马迁没有因为受到宫刑这样深痛的耻辱而消沉，而是不断激励自己，最终写成了伟大的著作《史记》。

俗话说"知耻而后勇"，真正促使我们获得成功的，真正激励我们昂首阔步的，不是顺境，而是那些常常可以置我们于死地的耻辱、挫折，甚至是死神。在一次次受到耻辱之后，人们的斗志就会被激发，从而奋发图强，最终获得成功。贫贱的出身不算什么，只要我们永不放弃、勤奋苦练，就一定能够出人头地。

既然耻辱在所难免，那么当我们面对耻辱时，不妨一笑置之，将它看作是人生的寻常际遇，就如同每天要吃饭、睡觉一般平常。耻辱算不了什么，人生会遇到无数的挫折，耻辱只是其中的一点，只有以一颗平常心看待耻辱，不因耻辱而消沉，才能拥有自在的人生。

别让不如意破坏平和的心境

人生在世，不如意事十之八九。多数人不能抵抗不如意的侵袭，常常怨天尤人，苦恼不已。其实，这样反而容易落入倒霉的圈套中。天不从人愿，但是只要我们能够依然保持平和的心境，别让不如意的情绪破坏它，那么我们就能获得心境的绝对自由。在生活的不如意面前，实际上生气也好，愤怒也罢，都是没有用的。不如意还是不如意，你如果无法保持平和的心境，它也不会因你的生气或愤怒而有丝毫的改变。

有一个妇人，总是被不如意的情绪所左右，常常为一些琐碎的小事生气。为了能够摆脱这种苦恼，她便去求一位高僧为自己谈禅说道，开阔心胸。

高僧知道她的来意后，把她请进一座禅房中，落锁而去。妇人气得跳脚大骂。骂了许久，高僧也不理会。妇人又开始哀求，高僧仍置若罔闻。妇人终于沉默了。

高僧来到门外，问她："你还生气吗？"

"我只为我自己生气，我怎么会到这地方来受这份罪。"妇人有些幽怨地说。

"连自己都不原谅的人怎么能心如止水？"高僧拂袖而去。

过了一会儿，高僧又问她："还生气吗？"

"不生气了。"妇人余怒未消，但无可奈何。

"为什么？"

"气也没有办法呀。"

"你的气并未消逝，还压在心里，爆发后将会更加剧烈。"高僧又离开了。

高僧第三次来到门前，妇人告诉他："我不生气了，因为不值得气。"

"还知道值不值得，可见心中还有衡量，还是有气根。"高僧笑道。

当高僧的身影迎着夕阳立在门外时，妇人问高僧："大师，什么是气？"高僧将手中的茶水倾洒于地。妇人视之良久，顿悟，遂叩谢而去。

故事中的妇人被锁在禅房的事实并没有改变，或者说不如意的事实依然存在，但她渐渐变得不再生气了。为什么？因为她接受了现实不能改变，心境渐趋平和安静。

一个不能保持平和心境的人，在不如意发生时，总是会让情绪左右自己，或气或怒，很可能做出令自己后悔的事情。生气就像高僧泼出去的水，无法回收，如果你因此而酿成大错，则悔之晚矣。生活中有太多不如意的事，你可以理解它为倒霉，也可以定义它为幸运。你怎样定义它，它就给你带来怎样的结果。因此，与其让不如意来破坏你的情绪，不如保持心境的平和，并且学会从如意的角度看问题。

面对挫折，永不放弃

歌德说过："人生重要的在于确立一个伟大的目标，并有决心使其实现。"正如丘吉尔的那八字箴言"坚持到底，永不放弃"一样，实现的过程其实就是一个坚持的过程。世间最容易的事就是坚持，最难的事也是坚持。说它容易，是因为只要愿意做，几乎人人都能做到；说它难，是因为真正能做到的，终究只是少数人。

开学第一天，古希腊大哲学家苏格拉底对他的学生们说："今天咱们只学一件最简单而且最容易做的事。每人把胳膊尽量往前甩，然后再尽量往后甩。"说着，苏格拉底示范做了一遍。

"从今天开始，每天做 300 下。大家能做到吗?"学生们都笑了，大声回答道："当然能。"大家都在想：这么简单的事，有什么做不到的。

过了一个月，苏格拉底问学生们："开学时我让大家坚持做的事情，就是每天甩手 300 下，哪些同学坚持了?"有超过 90% 的同学都骄傲地举起了手。

苏格拉底微微点头。

又过了一个月，苏格拉底又问。这回，坚持下来的学生只有八成。

一年以后，苏格拉底再次问大家："请告诉我，最简单的甩手运动，还有哪几位同学坚持了?"

这时，整个教室里，只有一个人举起了手。

这个学生就是后来成为古希腊另一位大哲学家的柏拉图。

看似小小的一个动作，坚持做下去，就有可能成就意想不到的成功。当然，通往成功的道路不可能只如甩手一般简单，挫折和苦难将始终伴随着你。同样面对失败，人们有无数种积极的选择。如果在历经逆境的磨炼之后，仍然能够傲然前行的人，就必定能成就自信的人生。

曼德拉年轻时因反对种族隔离制度被捕入狱，白人统治者把他关在荒凉的小岛上，这一关就是整整 27 年。3 名看守总是寻找各种借口欺侮他，曼德拉坚持了下来。1991 年曼德拉出狱后即参加南非的总统大选，最后以绝对性优势取得大选的胜利。

在曼德拉当选总统的就职典礼上，当年在监狱看管他的3名看守也被邀请前来参加。众人对此都大惑不解，那3名看守心中也是忐忑不安。然而曼德拉用实际行动向人们展示了一个伟人的风采。曼德拉恭敬地向那3名看守致敬。如此博大的胸襟让所有到场的各国政要和贵宾肃然起敬。

事后，曼德拉解释说，他年轻时性子很急，脾气暴躁，正是那漫长的牢狱岁月给了他思考的时间，让他学会了控制自己的情绪，学会了如何处理自己的痛苦。磨难使他清醒，逆境使他克服了个性的弱点，也成就了他最后的辉煌。

做人就要有一种面对逆境敢于挑战的不服输的精神。也正是逆境的磨炼增强了曼德拉对人生的自信，也正是这种自信的人生态度让他成就了生命的辉煌篇章。

树木受过伤的部位往往变得很硬，人生的成长也如同此理，经历逆境的伤痛和苦难之后，才能磨砺出优良的个性。立志成才的人如果能经历一段逆境的磨难为自己的人生"垫底"，那么以后不管遇到什么意外和困苦之境遇，他都能应对和承受。

培根曾说过："奇迹多是在厄运中出现的"。逆境中往往蕴藏着巨大的创造奇迹和成才、成功的机遇。

逆境磨难人才，也磨砺人才的优良个性。著名作家傅雷曾经说："不经劫难磨炼的超脱是轻佻的。"这句话至为深刻。逆境的一个重要价值，就是使人学会驾驭自己的个性，适度地张扬自己的个性，而不沦为个性的奴隶，并消除个性中的不良倾向，从而使自己成为一个自身发展和谐的，与社会相融的有用之才。

在挫折中学习，在苦难中成长

拿破仑·希尔告诉人们："世上没有所谓的失败，除非你这样认定。"每一个挫折都只是短暂的，除非你就此放弃而让它成为永久性的。其实，错误让我们成长且让我们更富经验。虽然我们尝试去做，不是每一次都会成功，却都可以学到一些东西而有助于我们完成最终的目标。

爱默生说："每一种挫折或不利的突变，都带着同样或较大的有利的种子。"

有一天，上帝召集了所有的动物聚在一起吃饭。吃完饭后，上帝取出一对翅膀。

"我有一样东西想要赐给各位，如果有谁喜欢这件礼物，就可以把它拾起来放在背上。"

一听到有礼物可以领，动物们便争先恐后地挤到了上帝的面前。可是当上帝把礼物拿出来放在地上后，动物们却突然静了下来。大家你看看我，我看看你，谁也没去拾礼物。

原来上帝拿出来的礼物是一对毛茸茸的翅膀。

"谁会背这么重的东西呢？一定会很累的。"动物们心想，于是又纷纷回到了自己的座位上。

眼看着地上的翅膀孤零零地躺在那里无人理睬，上帝感到有些失望。这时，一只小鸟走过来，看了看地上的翅膀，心想，上帝应该不会亏待我们，所以这个看起来笨重的东西，或许是一种恩赐。

于是，小鸟就把地上的翅膀拾起来，背在了身上。就在这时奇迹发生了，小鸟轻轻地试着挥动翅膀，没想到不但没有感觉到沉重，反而还让它轻盈地飞上了天空。许多动物目睹此景，心中后悔不迭。

别人都认为会增加负担的东西，小鸟却能够利用它飞上了蓝天。一样的道理，许多事情表面上看来是挫折、打击，事实上却给了人们更上一层楼的动力。

老子说："祸兮，福之所倚，福兮，祸之所伏。"祸福是相互转化的，灾难临头之时，往往也是人生转运之日。"不经一番寒彻骨，哪得梅花扑鼻香。"要想让自己成为一个有所作为的

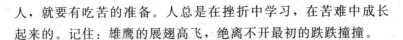

人，就要有吃苦的准备。人总是在挫折中学习，在苦难中成长起来的。记住：雄鹰的展翅高飞，绝离不开最初的跌跌撞撞。

在很久以前的远古时代，一群鸟生活在茫茫大海中的一个孤岛上。它们中有些鸟的喙很长很尖，而另外一些鸟的喙却很短，因而它们得名长喙鸟和短喙鸟。那时候，岛上的植物不是很多，能供给鸟儿们啄食的只有一种蒗藜的果子。然而这种果子却浑身长满坚硬的刺，这样，只有长喙鸟用它长长尖尖的喙才能将其啄开，而短喙鸟则无缘享受这种美食，很多短喙鸟因此饿死。短喙鸟面临着严重的生死考验：要么选择别的食物，要么等待灭亡。于是，它们开始啄食浅海里的小鱼，慢慢地，它们觉得小鱼的味道比蒗藜果的味道还要好，就这样，短喙鸟们生存了下来。而此时长喙鸟则依然享受着上天给他们的优厚待遇，吃着它们认为是天下最美的食物——蒗藜果。为了生存，短喙乌天天去海里捕食，浅海里的鱼吃完了，就去深海里捕猎。后来，它们不但吃鱼，只要能捕获到的小动物都成为了它们的食物。在捕猎中，它们原来短短的喙被逐渐磨炼得异常锋利，同时还磨炼出一对大而强健的翅膀和一双尖利的爪子。数年后，短喙鸟成了飞禽中的强者，这就是今天的鹰；而长喙鸟却因食物不足而灭绝了。

短喙鸟之所以能摆脱生存危机，并且成为海上的强者，就是因为它在面临困境中时没有选择灭亡，而是在大风大浪中不断翱翔搏击。正是由于这种磨炼，短喙鸟才最终成为展翅高飞的雄鹰。

对人生来说，不断地历练同样重要。在经历了困境和磨难之后，你才更能知道生存的艰辛。为了不再陷入被动，更为了新的目标和追求，我们应该付出更多的努力和代价。也只有不断地磨砺和锻炼，才能使你不断地成熟和提升，在激烈竞争中脱颖而出，成为强者。

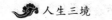

在逆境中抓住机会

人生不可避免会遭遇无数的逆境，每一个逆境都有可能给我们带来某种危机。然而"危机"二字在中国传统文化的精髓思想里却有着双重的解释："危"是危险，而"机"却是机会。顾名思义，危机即是"危险中的机会"之意。西班牙著名作家塞万提斯曾说过："运道往往在不幸的地方开一扇门，让坏事有个补救。"

所以说，危机有时候也是一种机会，对自信的人而言，它是好运的转机；而对自卑的人而言，它便是厄运的开始。

机不可失，时不再来，这是一个浅显而深刻的道理。所以说，如果能够抓住隐藏在逆境中的机遇，那么你的人生必将会与众不同。然而，生活中有很多人却总是一事当前只顾寻找保险，举棋不定，犹豫不决。在采取措施前一定要去和他人商量，这种优柔寡断、意志不坚的人，自己都不相信自己，更不会为他人所信赖。

有一个很值得人深思的故事：某地发生水灾，整个乡村都难逃厄运。村民纷纷逃生，有一个人却没有追随逃难的大队，反而爬上了自家的屋顶。原来他是一个虔诚的信徒，他爬上屋顶，是为了等待上帝的拯救。

不久，大水浸过屋顶，危险时刻刚好有一只木舟经过，舟上的人要带他逃生。这位信徒胸有成竹地说："不用啦，上帝会救我的！"木舟离他而去。片刻之间，河水已浸到他的膝盖。又刚巧有一艘汽艇经过，汽艇上的人想带他逃生。可这位信徒仍然坚持着："不必了，上帝一定会救我的。"汽艇只好到别的地方救其他的人。

又过了几分钟，洪水高涨，已到信徒的肩膀。这个时候，有架直升机放下软梯来拯救他。他死也不肯上机，嘴里还是那句话："别担心我了，上帝会救我的！"直升机也只好离去。最后，水继续高涨，这位信徒被淹死了。

死后，他升上天堂，遇见了上帝。他大骂："平日我诚心祈祷，您却见死不救。算我瞎了眼啦！"

上帝听后淡淡地说："你还要我怎样救你？我已经给你派去了两条船和一架飞机了。"

机会只敲一次门，成功者善于抓住每次机会，充分施展才能，最终获得成功，得到命运的垂青。而对于犹豫不决、优柔寡断的人来说，即使有再多的机会也于事无补，就像故事最后被淹死的那个人一样终难逃脱失败的噩运。

所以，对于成功来说，犹豫不决、优柔寡断是一个最危险的仇敌，在它还没有对你施加影响，破坏你的机会之前，你就应该立即把它置于死地。不要再犹豫，不要再思前想后，马上作出决定，就在现在。

其实，生活并不缺少机遇，而是缺少发现机遇和抓住机遇的能力，这种能力主要来源于人的自信。如果有了很强的能力，即使生活没有机遇，我们也能创造机遇。

逆境是一种考验，一种挑战，也是一种机遇。把握困境，超越自我，你才能如凤凰般浴火重生。相反，不曾经历过困难的磨炼，没有感受过那种身心俱疲、刻骨铭心的痛苦，你就不能明白生命的精彩和人生的伟大。没有激情，没有泪水和汗水，人生只能是黯淡无光。

第三章

放下"身段"才能提高"身价"

身在红尘，骄傲需要弯下腰来

有一位将军，在大军撤退时总是断后，回到京城后，人们都称赞他很勇敢，将军却说："并非吾勇，马不进也。"将军把自己断后的无畏行为说成是由于马走得太慢。其实，在人们心目中，"马走得太慢"不会折损将军的英雄形象。

那些深谙做人之道的人，大多是在社会群体中能够摆正自己位置的人，而把自己看得比别人高人一等，一定是世界上最愚蠢的人。

一个人太自负，就很容易陷入一种莫名其妙的自我陶醉之中，变得自高自大起来。他会无视所有人对他的不满和提醒，终日沉浸在自我满足之中，对一切功名利禄都要捷足先登。这样的人反而永远也得不到人们对他的理解和尊重。

有时我们的烦恼正是来自于我们那颗狂妄自大的心。狂妄自大的人自以为是，头脑容易发热，他们往往充满梦想，只相信自己的智慧和能力，坚信只有自己才是正确的。他们从来不接受别人的意见和劝告，认为采纳了别人的意见就等于是对自己的否定和贬低。这些人其实是典型的外强中干，他们的固执恰恰证明了他们并不是真正的强者，正因为心虚，所以他们才不愿服输。

实际上，人们尊敬的是那些脚踏实地的人，而不是自吹自擂的炫耀专家。有一个成语叫"虚怀若谷"，意思是说，胸怀要

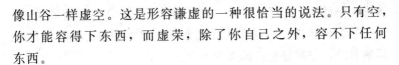

像山谷一样虚空。这是形容谦虚的一种很恰当的说法。只有空，你才能容得下东西，而虚荣，除了你自己之外，容不下任何东西。

居里夫人因取得了巨大的科学成就而天下闻名，她一生获得过各种奖金，各种奖章 16 枚，各种名誉头衔 117 个，但她对此都全不在意。

有一天，她的一位女朋友来访，忽然发现她的小女儿正在玩一枚金质奖章，而那枚金质奖章正是大名鼎鼎的英国皇家学会刚刚颁给她的，她不禁大吃一惊，忙问："居里夫人，这枚英国皇家学会的奖章代表了极高的荣誉，你怎么能给孩子玩呢？"

居里夫人笑了笑说："我是想让孩子从小就知道，荣誉就像玩具，只能玩玩而已，绝不能永远守着它，否则将一事无成。"

1921 年，居里夫人应邀访问美国，美国妇女为了表示崇拜之情，主动捐赠 1 克镭给她，要知道，1 克镭的价值是在百万美元以上的。

这是她急需的。虽然她是镭的母亲——发明者和所有者（她却放弃为此申请专利），但她却买不起昂贵的镭。

在赠送仪式之前，当她看到《赠送证明书》上写着"赠给居里夫人"的字样时，她不高兴了。她声明说："这个证书还需要修改。美国人民赠送给我的这 1 克镭永远属于科学，但是假如就这样规定，这 1 克镭就成了我的私人财产，这怎么行呢？"

主办者在惊愕之余，打心眼里佩服这位大科学家的高尚人品，马上请来一位律师，把证书修改后，居里夫人才在《赠送证明书》上签字。

我们看体育比赛，知道一个运动员要跳高，就必须先蹲下，没有人可以直着双腿而跳得很高。一个运动员在田径比赛时，特别是短距离比赛时，要跑得快，就必须先弯下腰，向前倾斜力度很大，因为这样会跑得更快。

大凡成功的人在遇到瓶颈时，都会以退为进，退也是一种谦虚。俗话说："天外有天，人外有人。"保持一颗谦逊的心，你更能时刻前进；跨越虚荣的樊篱，你才能平静的选择自己生活的目的，把握好自己前进的方向。

在生活中我们经常会遇到这样一种人，他们总喜欢指出别人的缺点，说人家这儿做得不合适，那儿也做得不够，似乎自己什么都行，对什么都可以说出一个大道理来。其实，这只是一种虚荣的表现，他们之所以摆出一副"万事通"的面孔来，就是怕被别人藐视，用这种习惯来显耀自己，以此来达到提高自己地位的目的，可是这样做的结果只会让人敬而远之，遭人厌恶。

真正的大人物，拥有人生大格局的人是那种成就了不平凡的事业却仍然像平凡人一样生活着的人。他们从来都是虚怀若谷的，他们不会因为自己腰缠万贯而盛气凌人，他们从来不会见人就喋喋不休地诉说自己是如何成功和发迹的，他们也从不痛恨自己周围的人是"居心叵测之人"，他们"不以物喜，不以己悲"，平和地做着自己该做的事情。

敢于低头是魄力，更是能力

如果把我们的人生比做爬山，有的人在山脚刚刚起步，有的人正向山腰跋涉，有的人已攀上顶峰。但此时，不管你处在什么位置，请记住：要把自己放在山的最低处，即使"会当凌绝顶"，也要懂得适时低头，因为，在你所经历的漫长人生旅途中，难免有碰头的时候。敢于低头、适时认输是成大事者的一种人生态度和格局，他们在后退一步中潜心修炼，从而获得比咄咄逼人者更多的成功机会。低头并不是自卑，认输也不是怯弱，当你明白了低头认输的智慧，当你从困惑中走出来时，你会发现，适时的低头，其实是一种难得的境界。

富兰克林年轻时曾去拜访一位前辈。年轻气盛的他，昂首

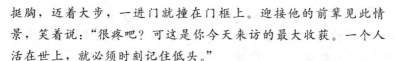

挺胸，迈着大步，一进门就撞在门框上。迎接他的前辈见此情景，笑着说："很疼吧？可这是你今天来访的最大收获。一个人活在世上，就必须时刻记住低头。"

有人问过苏格拉底："你是天下最有学问的人，那么你说天与地之间的高度是多少？"苏格拉底毫不迟疑地说："三尺！"那人不以为然："我们每个人都有五尺高，天与地之间只有三尺，那还不把天戳个窟窿？"苏格拉底笑着说："所以，凡是高度超过三尺的人，要长立于天地之间，就要懂得低头啊。"

很多人在年轻时大都不谙世事，只会冲撞，不懂低头，结果总是碰壁，吃了不少苦头。这是大多数人的通病，不足为奇，重要的是在碰壁后，你要"吃一堑长一智"，慢慢学会低头，才能踏上通畅的人生之路。如果你总也不肯低头，就会处处碰壁，四面楚歌，甚至抱恨终生。

学会低头、懂得低头和敢于低头对我们来说是非常重要的，尤其是在社会竞争激烈的今天，生命的负载过多，人生的负载太沉，低一低头，可以卸去多余的沉重；面对自身的不足，低一低头，就可以赢得别人的谅解和信任，除去不必要的纠纷。

要学会低头，就必须懂得低头是一种智慧，它需要求同存异、应时顺势、谦恭温良。要懂得低头，就必须理解低头是一种境界。在处理人与人之间的矛盾时，懂得低头，那是君子怀仁的风度，是创造和谐社会的必备品格；在处理人与社会的矛盾时，懂得低头，那是闪光的理性人生，是取得共赢的光明之路；在处理人与自然的矛盾时，懂得低头，那是避免盲目蛮干的镇静剂，是实现人与自然和谐共处的有效途径。

要敢于低头，就必须知道低头需要勇气。面对别人的批评时，我们要勇敢地承担责任，接受教训；面对强大的敌人和困难时，我们同样需要避其锋芒，保存实力，以图再战。

不是所有人都能学会低头、懂得低头和敢于低头。现实生活中，总有那么一些人缺乏低头的勇气，结果不是碰壁，就是触网。其实，低一低头，多给自己一次机会，岂不是更好？

低头是一种智慧，低头是一种能力，它不会使你的人生格局变小，相反，会使你的人生格局越来越大。有时，稍微低一下头，你的人生之路会走得更精彩。

自满导致毁灭，谦虚打造未来

俄国的列夫·托尔斯泰做了一个很有意思的比方："一个人就好像一个分数，他的真正实力好比分子，而他对自己的估价好比分母，分母越大，则分数的值越小。"真正的谦虚，是自己毫无成见，思想完全解放，不受任何束缚。对一切事物都能做到具体问题具体分析，采取实事求是的态度，正确对待；对于来自任何方面的意见，都能听得进去，并加以考虑。这样的人能做到在成绩面前不居功，不重名利，在困难面前敢于迎难而上，主动进取。他们的谦虚并不是卑己尊人，而是对自己的一种尊重。

有一次，孔子带领众弟子去参观鲁桓公的庙宇，发现了一种叫做"溢满"的容器，这种圆形容器倾斜而不易放平。孔子不解地问守庙人，守庙人说："这是君王放置在座位右边的一种器具。当它空着的时候就会倾斜，装入一半水时就正立着，灌满了就翻倒过来。"

于是孔子就回头叫一个弟子往容器内灌水，果然是在水灌满的时候容器就翻倒过来了。孔子感慨地说："不错！哪有满而不翻的道理呢！"针对这种现象，孔子又趁机向弟子们讲述了一番做人的道理，即做人一定要谦虚，不能骄傲自满，要像大地一样低调沉稳，承载万物；像大海一样虚怀若谷，容纳百川。

当一个人觉得自己不需要提高的时候，就好像被灌满的容器一样，马上就要倾倒了，自满是一个人成长路上最大的阻碍。我们应当做的就是保持一颗谦虚的心，唤醒自己内心深处对学习的渴望，在工作中不断提升自我，用持续的成长，带给自己持续的成功。

有一个年轻人，由于工作出色，很受董事长的重视，不少人隐隐看出来，他已经被董事长作为接班人在培养。

面对工作上的成就和董事长的支持，这个年轻人变得很高傲，自以为是，对不同意见总是无法接受，导致和其他人的关系急剧恶化，而他并没有察觉到。有一次，董事长在大庭广众之下狠狠批评了他一通。对这突然的打击，年轻人很受不了，甚至当场就哭了。晚上回家后，他准备写辞职信。

但冲动过后，他冷静下来，认真反思自己的行为。最终他想通了，认为董事长对他的批评是对的，在公司里，任何人都没有成绩、都没有过去，一切都只从现在开始，为将来努力。于是年轻人将辞职报告撕毁，写了一份检讨书。

从辞职书到检讨书，年轻人的态度终于由骄傲变得谦虚。一个人不管自己有多丰富的知识，取得多大的成绩，或是有了何等显赫的地位，都要谦虚谨慎，不能自视过高。人们应心胸宽广，博采众长，不断地丰富自己的知识，增强自己的本领，进而更深刻地认识自己，获得更大的成功。如能这样，则于己、于人、于社会都有益处。

意大利的达·芬奇在《笔记》中感叹道："微少的知识使人骄傲，丰富的知识则使人谦逊，所以空心的谷穗高傲地举头向天，而充实的谷穗低头向着大地，向着它们的母亲。"其实，人们不应为自己已有的知识和成绩感到骄傲，容器的容量是有限的，假如人能够保持谦虚的心态，则人的心胸可以扩展到无限。人们如能谦虚处世，无疑可以掌握更多的知识，取得更大的成绩。做大事者往往能够审时度势，低头挺住，办成自己的事。

放低自己才能飞得更高

只有从起点起步才能到达成功的彼岸，现实社会中，每个人要想成就一番事业，都会忍受内心的光荣梦想与现实生活的反差，并在忍受中一点点地去适应，去放低自己那高傲的心。

"不骄方能师人之长。"一个人要获得智慧和经验，必须把自己放低。放低自己并不是放低自己的理想，放低自己的抱负。放低自己是为达到目的而变换的思考方式，是一种从零、从小、从低做起的心态。一句话：放低自己不是最终目的，而是为了飞得更高。

一个在现实中处处碰壁的年轻人跋山涉水来到法门寺，对住持释圆和尚说："我一心一意要学习绘画，但至今没有找到一个称心如意的老师。许多人都是徒有虚名，有的画技甚至还不如我。"

释圆听后淡淡一笑说："老僧虽然不懂绘画，但也颇爱这门艺术。既然施主画技不比那些名家逊色，就烦请施主为老僧留下一幅墨宝吧。"

年轻人问："画什么呢？"

释圆说："贫僧喜欢茶道，施主可否为我画一个茶杯和一个茶壶呢？"

年轻人听了，心想：这还不容易？于是铺开宣纸，寥寥数笔，就画成了一个倾斜的茶壶和一个造型古朴的茶杯。更栩栩如生的是茶壶的壶嘴正徐徐流出一道茶水来，仿佛要注入那茶杯中去。年轻人问："这幅画您满意吗？"

释圆摇了摇头说道："你画得是不错，只是将茶壶和茶杯的位置放错了，应该是茶杯在上，茶壶在下呀。"

年轻人听了，笑道："大师为何如此糊涂，哪有茶杯往茶壶里注水的？"

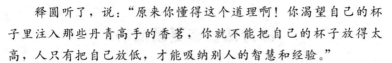

释圆听了，说："原来你懂得这个道理啊！你渴望自己的杯子里注入那些丹青高手的香茗，你就不能把自己的杯子放得太高，人只有把自己放低，才能吸纳别人的智慧和经验。"

年轻人恍然大悟，从此虚心学习，终于学有所成。

释圆的一句"把自己放低"，不仅形象地说明了求知为学之道，也说明了为人处世之道。只有放低自己，懂得给自己留有余地才能收获更多，走得更远，飞得更高。

放低自己，是心态问题，也是对自己人生价值的估量问题。从一定意义上来说，放低自己，就是不要把自己看得太重要，太有能耐，太高明。或者说，放低自己就是低调做人，这不但少了别人的中伤和嫉妒，也为自己向更高目标迈进扫清了障碍。这既是一种自知之明，也显示了一种豁达大度。

美国著名政治家帕金斯30岁那年就任芝加哥大学校长，有人怀疑他那么年轻能不能胜任大学校长的职位，他知道后只说了一句："一个30岁的人所知道的是那么少，需要依赖他的助手兼代理校长的地方是那么的多。"就这短短一句话，使那些原来怀疑他的人一下子放心了。

许多人往往喜欢尽量表现出自己比别人强，或者努力地证明自己是有特殊才干的人，然而一个真正有能力的领袖是不会自吹自擂的，而是像帕金斯那样自谦，所谓"自谦则人必服，自夸则人必疑"就是这个道理。

明代思想家吕坤说："气忌盛，心忌满，才忌露。"想要成就大事，就需要沉住气，放低姿态。当你放低自己的时候，未来才能容纳你。西方有一位哲人说过："想要达到最高处，必须从最低处开始。"海把自己放低，才能够容纳百川之水，从而成就自己；人把自己放低些，真诚地对待每一个人，宽容地面对每一件事，世界就会变成欢乐的海洋，幸福的港湾。

保持低姿态更易成功

俗话说，人往高处走，水往低处流。人们通常会一味地往高处走，而忘乎所以，浮躁肤浅。这时，就需要一种逆向思维，有时，放低自己的位置、保持一种低姿态反而能看到不一样的风景，也能为将来的奋起储蓄能量。

在处世中，保持低姿态，能让对方觉得有面子，感到光彩。这样一来，对方与你的关系便走近了一步。最终，得到好处、被人尊重的，还是你自己。可以说，低姿态正是胜利者的姿态，低姿态正是成功者的姿态。

因此，为了把事办成，不妨常以低姿态出现在别人面前，使别人感到安全时，你自己也是安全的。

在秦始皇陵兵马俑博物馆，有一尊被称为"镇馆之宝"的跪射俑。它被誉为兵马俑中的精华，中国古代雕塑艺术的杰作。陕西省就是以跪射俑作为标志的。

它左腿蹲曲，右膝跪地，右足竖起，足尖抵地。上身微左侧，双目炯炯，凝视左前方。两手在身体右侧一上一下作持弓弩状。

如今，秦兵马俑坑已经出土，清理各种陶俑 1000 多尊，除跪射俑外，皆有不同程度的损坏，需要人工修复。而这尊跪射俑是保存最完整的，仔细观察，就连衣纹、发丝都还清晰可见。

这究竟为何呢？

专家告诉我们，这得益于它的低姿态。首先，跪射俑身高只有 1.2 米，而普通立姿兵马俑的身高都在 1.8 至 1.97 米之间。天塌下来有高个子顶着，兵马俑坑都是地下坑道式土木结构建筑，当棚顶塌陷、土木俱下时，高大的立姿俑首当其冲，低姿的跪射俑受损害就小一些。其次，跪射俑作蹲跪姿，右膝、右足、左足三个支点呈等腰三角形支撑着上体，重心在下，增强了稳定性。

处世也是如此，保持低姿态，避开无谓的纷争，就能避开意外的伤害，更好地发展自己。

如果你想把事做成，不妨以一种低姿态出现在对方面前，表现得谦虚、平和、朴实、憨厚，甚至愚笨、毕恭毕敬，使对方感到自己受尊重，比你聪明，在谈事时也就会放松自己的警惕性，觉得自己用不着花费太多精力去对付一个"傻瓜"了。

赫蒙是美国著名的矿冶工程师，毕业于美国的耶鲁大学，在德国的佛莱堡大学拿到了硕士学位。可是当赫蒙带齐了所有的文凭去找美国西部的大矿主赫斯特的时候，却遇到了麻烦。

那位大矿主是个脾气古怪又很固执的人，他自己没有文凭，所以就不相信有文凭的人，更不喜欢那些文质彬彬又专爱讲理论的工程师。当赫蒙前去应聘并递上文凭时，满以为老板会乐不可支，没想到赫斯特很不礼貌地对赫蒙说："我之所以不想用你，就是因为你曾经是德国佛莱堡大学的硕士，你的脑子里装满了一大堆没有用的理论，我可不需要什么文绉绉的工程师。"

聪明的赫蒙听了不但没有生气，相反，他心平气和地回答说："假如你答应不告诉我父亲的话，我要告诉你一个秘密。"赫斯特表示同意，于是赫蒙小声对赫斯特说："其实我在德国的佛莱堡并没有学到什么，那三年就好像是稀里糊涂地混过来一样。"想不到赫斯特听了笑嘻嘻地说："好，那明天你就来上班吧。"就这样，赫蒙在一个非常顽固的人面前通过了面试。

赫蒙把自己的身份降低，就赢得了大矿主的心。低姿态不仅是种手段，而且是种态度。你越充分地运用这种方法，你就越有可能赢得别人的心。

其实，你以低姿态出现只是一种表面现象，是为了让对方从心理上感到一种满足，使他愿意与你合作。实际上越是表面谦虚的人，反而是非常聪明的人。当你表现出大智若愚来，使对方陶醉在自我感觉良好的气氛中时，就会不由自主地配合你，从而达到你的目的。

低调的人拥有更多的发展机会

能够取得很大成就的人，都是做人的典范。在他们身上积聚的不仅有智慧，更重要的是为人处世的低调作风。

在现实生活中用"藏巧于拙，用晦而明，聪明不露，才华不逞"等韬略来隐蔽自己的行动，可以达到出奇制胜的目的。表现低调些，做事情过于张扬就会泄漏"事机"，就会让对手警觉，就会过早地把目标暴露出来，成为对手攻击和围剿的"靶子"。保护自己的最好方式就是不暴露，尽管这样做会有损失，却能避免很多不可预知的风险。

1998 年，华为以 80 多亿元的年营业额，雄踞当时声名显赫的国产通信设备四巨头之首，势头正猛。而华为的首领任正非不但没有从此加入明星企业家的行列中，反而对各种采访、会议、评选唯恐避之不及，直接有利于华为形象宣传的活动甚至政府的活动也一概坚拒，并给华为高层下了死命令：除非重要客户或合作伙伴，其他活动一律免谈，谁来游说我就撤谁的职！整个华为由此上行下效，全体以近乎本能的封闭和防御姿态面对外界。

2002 年的北京国际电信展上，华为总裁任正非正在公司展台前接待客户。一位上了年纪的男子走过来问他："华为总裁任正非有没有来？"任正非问："你找他有事吗？"那人回答："也没什么事，就是想见见这位能带领华为走到今天的传奇人物究竟是个什么样子。"任正非说："实在不凑巧，他今天没有过来，但我一定会把你的意思转达给他。"

有一次，有人去华为办事，晕头转向地换了一圈名片，坐定之后才发现自己手里居然有一张是任正非的，急忙环顾左右，早已不见踪影。有人在出差去美国的飞机上，与一位和气的老者天南地北地聊了一路，事后才被告知那就是任正非，于是懊悔不迭。这些多少有点传奇的故事，说明想认识任正非的人太多，而真能认识任正非的人却很少。

正是由于任正非的专注做事、低调做人，才使得他有更多的时间和精力打理公司。他每年花大量时间游历全球，在各个发达市场与发展中市场中寻觅机会，在通信设备国际列强间合纵连横，寻觅可用的力量与资源，引领着华为这艘电信行业的巨舰稳健前行。

低调、沉静、务实的"任氏风格"已经融入华为的企业文化之中，这种精神成为华为稳健发展的基石。在工作中，我们也需要这种低调、务实的工作作风。反之，一味出风头、露锋芒，不仅阻碍你的进步，也会使你失去更多的发展机会。

王飞是北京某协会的一名普通职员，平时总认为自己有热情、能力超群。某日该协会组织了一次国际论坛，有多国学者参加。为了能让论坛取得圆满成功，协会领导仔细安排了工作，使每个人都有自己的事儿可干。王飞负责的是宾馆安排事务，并没有接洽的职责要求。但当国外来宾到来的时候，王飞认为这是一个自我表现的机会。因为他认为自己的英语比较流利，而接待外宾的小林却显得很一般，于是他便用热情的"中国英语"与外宾打招呼，交谈，并不停地拍对方肩膀以示"鼓励"与"赞扬"，外宾被弄得很尴尬，但又不好吱声，他们不理解对方为何让这个人来接待。

协会的一位领导看到了王飞"忙碌"的身影，赶快把他叫了过来："小王，你过来一下。这边有个事需要你帮忙。"小王被支开以后，大家都松了一口气。

论坛是圆满成功了，但今后协会从上到下对王飞有了"全新"的看法。领导认为他"越权"，同事则背地里觉得他"好显摆"。从此王飞的人际关系一落千丈，当然在协会大展身手的机会也就很少了。

放低姿态才能够走得更远，成就更大。像故事中的王飞一样，举止轻浮，一味喜欢出风头，是很难取得别人的认可与合作的。

不论你想要取得什么样的成功，低调都是必要的品质。只有低调才能够赢得别人的团结，才能够清醒思考，正确行动；只有低调才能够不断学习，不断超越。实际上，不把自己太当回事，坦诚而平淡地生活，是不会有人把你看成是卑微、怯懦和无能的。如果你老是把自己当做珍珠，乐此不疲地向众人展示自己的智慧和竞争力，那么就时时都有被埋没的危险。

最大的智慧是知道自己无知

有人问苏格拉底是不是生来就是超人，他回答说："我并不是什么超人，我和平常人一样。有一点不同的是，我知道自己无知。"这就是一种谦逊。无怪乎，古罗马政治家和哲学家西塞罗会说："没有什么能比谦虚和容忍更适合一位伟人。"

一颗谦逊的心是自觉成长的开始，就是说，在我们承认自己并不知道一切之前，不会学到新东西。许多年轻人都有这种通病，他们只学到一点点，却自以为已经学到一切，他们把心封闭起来，自以为是万事通。

哲学家卡莱尔说："人生最大的缺点，就是茫然不知自己还有缺点。"因为人们只知道自我陶醉，自以为是、唯我独尊，就会遭到别人的排斥，使自己处于不利地位。

老子曾用"水"来叙述处世的哲学："上善若水，水善利万物而不争。"意思是说，上善的人，就好比水一样，水总是利万物的，而且水最不善争。水总是往下流，处在众人最厌恶的地方，注入最卑微之处，站在卑下的地方去支持一切。它与天道一样恩泽万物，所以水没有形状，在圆形的器皿中它是圆形，放入方形的容器则是方形。它可以是液体，也可以是气体、固体。这正是我们必须学习的"谦逊"。

谦逊永远是一个人建功立业、开创人生大格局的前提和基础。不论你从事何种职业，担任什么职务，只有谦虚谨慎，才能保持不断进取的精神，才能增长更多的知识和才干。因为谦虚谨慎的品格能够帮助你看到自己与别人的差距。永不自满、不断前进可以使人能冷静地倾听他人的意见和批评，进而完善自己，而骄傲自大、满足现状、停步不前、主观武断的人会使工作受到损失，甚至会使事业半途而废。

肖恩是一个刚刚毕业的大学生，不但相貌英俊，而且热情开朗。他决定找一份与人交往的工作，以发挥自己的长处。很快，他就得到一个好机会——一家五星级宾馆正在招聘前台工作人员。

肖恩决定去试试。于是第二天清早，他就去了那家宾馆。主持面试的经理接待了他。看得出来，经理对肖恩俊朗的外表和富有感染力的表现相当满意。他拿定主意，只要肖恩符合这项工作的几个关键指标的要求，他就留下这个小伙子。

他让肖恩坐在自己对面，开门见山地说："我们宾馆经常接待外宾，所有前台人员必须会说四国语言，这一指标你能达到吗？"

"我大学学的是外语，精通法语、德语、日语和阿拉伯语。我的外语成绩是相当优秀的，有时我提出的问题，教授们都支支吾吾答不上来。"肖恩回答说。事实上，肖恩的外语成绩并不突出，他是为了获取经理的信赖而标榜自己。显然，他低估了经理的智商。事实上，在肖恩提交自己的求职简历时，公司已经收集了有关的详细信息，其中包括肖恩的大学成绩单。

听了肖恩的回答，经理笑了一下，但显然不是赏识的笑容。接着他又问道："做一名合格的前台人员，需要多方面的知识和能力，你……"经理的话还没说完，肖恩就抢先说："我想我是不成问题的。我的接受能力和反应能力在我所认识的人中是最快的，做前台绝对会很出色。"

听完他的回答，经理站了起来，并且严肃地对他说："对于你今天的表现，我感到很遗憾，因为你没能实事求是地说明自己的能力。你的外语成绩并不优秀，平均成绩只有70分，而且法语还连续两个学期不及格；你的反应能力也很平庸，几次班上的活动你都险些出丑。年轻人，在你想要夸夸其谈时，最好给自己一个警告。因为每夸夸其谈一次，诚实和谦逊都要被减去10分。"

在我们的生活中，像肖恩这样的人并不少见。很多人只知吹嘘自己曾经取得的辉煌，夸耀自己的能力、学识，以为这样就可以博得别人的好感和赞扬，赢得别人的信任，但事实上，他们越是吹嘘自己，越会被人厌烦；越夸耀自己的能力，越受人怀疑。

俄国作家契诃夫曾说："人应该谦虚，不要让自己的名字像水塘上的气泡那样一闪就过去了。"即使拥有广博的知识、高超的技能、卓越的智慧，但没有谦虚的态度，他就不可能取得灿烂夺目的成就。永远记住："伟人多谦逊，小人多骄傲，太阳穿一件朴素的光衣，白云却镶上了华而不实的裙裾。"

敢于承认自己不如人

中国人常说："人活一张脸，树活一层皮。""面子"在我们的传统道德观念中的地位可见一斑。可以说，中国社会对人的约束主要就是廉耻和脸面，然而若因此就固执地以"面子"为重，养成死要面子的人生态度却不是件好事。

执着，让我们赢得了通往成功的门票，而固执，让我们在死守自己强势死不认输时，却输掉了整个人生。所以，正确剖析自己，敢于承认技不如人，放下不值钱的面子，走出面子围城，这不是软弱，而是人生的智慧。

有一个人做生意失败了，但是他仍然极力维持原有的排场，唯恐别人看出他的失意。为了能重新振作起来，他经常请人吃饭，拉拢关系。宴会时，他租用私家车去接宾客，并请了两个钟点工扮作女佣，佳肴一道道地端上，他以严厉的眼光制止自己久已不知肉味的孩子抢菜。

虽然前一瓶酒尚未喝完，他却还是打开了柜中最后一瓶XO。当那些心里有数的客人酒足饭饱告辞离去时，每一个人都热情地致谢，并露出同情的眼光，却没有一个人主动提出帮助。

希望博得他人的认可是一种无可厚非的正常心理，然而，人们在获得了一定的认可后总是希望获得更多的认可。所以，人的一生就常常会掉进为寻求他人的认可而活的爱慕虚荣的牢笼里面，可以说面子左右了他们的一切。

50多年前，林语堂先生在《吾国吾民》中认为，统治中国的三女神是"面子、命运和恩典"。"讲面子"是中国社会普遍存在的一种民族心理，面子观念反映了中国人尊重与自尊的情感和需要，但过分地爱面子如果任其演化下去，终将得不偿失。

有一个博士分到一家研究所，成为学历最高的一个人。

有一天他到单位后面的小池塘去钓鱼，正好正副所长在他的一左一右，也在钓鱼。他只是朝他们微微点了点头，这两个本科生，有啥好聊的呢？

不一会儿，正所长放下钓竿，伸伸懒腰，蹭蹭蹭从水面上如飞地走到对面上厕所。博士眼睛睁得都快掉下来了。水上漂？不会吧？这可是一个池塘啊。正所长上完厕所回来的时候，同样也是蹭蹭蹭地从水上漂回来了。怎么回事？博士生又不好去问，自己是博士生哪！

过了一阵，副所长也站起来，走几步，蹭蹭蹭地飘过水面上厕所。这下子博士更是差点昏倒：不会吧，到了一个江湖高手集中的地方？博士生也内急了。这个池塘两边有围墙，要到对面厕所非得绕10分钟的路，而回单位上又太远，怎么办？博士生也不愿意问两位所长，憋了半天后，也起身往水里跨：我就不信本科生能过的水面，我博士生不能过。只听"咚"的一声，博士生栽到了水里。

两位所长将他拉了出来，问他为什么要下水，他问："为什么你们可以走过去呢？"两所长相视一笑："这池塘里有两排木桩子，由于这两天下雨涨水正好在水面下。我们都知道这木桩的位置，所以可以踩着桩子过去。你怎么不问一声呢？"

上面的这个例子再经典不过了，一个人过于爱惜面子，难免会流于迂腐。"面子"是"金玉在外，败絮其中"的虚浮表现，刻意地张扬面子，或让"面子"成为横亘在生活之路上的障碍，终有一天会吃到苦头。因此，无论是人际关系方面还是在事业上，我们都不要因为小小的面子，为自己的生活带来不必要的麻烦和隐患。其实"面子观"是一种死守面子、唯面子为尊的价值观念和行事思想。"面子观"对我们行事做人有很大的束缚。因此，在不利的环境下我们要勇于说"不"，千万别过多地考虑"面子"，使自己陷入"面子观"的怪圈之中。

事实上，我们没必要为了面子而固执地使自己显得处处比别人强，仿佛自己什么都能做到。每个人都有缺陷，不要试图在每一方面都在人上。聪明的人，敢于承认自己不如人，也敢于对自己不会做的事说不，所以他们自然能赢得一份适意的人生。

第四章

在低头处低头，在舍得处舍得

不同的选择，不同的人生

有人写过这样一段话："记得小时候，农村水果十分稀缺，经常和生产队里年龄相仿的小朋友，三个一群五个一组地爬树摘野山栗、紫桑葚之类，以解口头之馋。而每次爬树的时候，都会出现相似的情况：开始大家都从一棵大树底下往上爬，可越往上爬，树的分权越多，各人为了多采果实，便选择了不同树枝。结果起点完全相同的小朋友们，各自爬到了不同的方向和高度上，有的站在又高又稳的主干枝头上，有的蹲伏在摇摆不定的侧枝上，还有的在树杈间……下来的时候，有的满载而归，还有的空手而回。"其实生活也犹如爬这棵大树，会在不同的阶段遇到不同的十字路口，是向左走还是向右走，全在自己的选择，就在这一次次的选择中，相同起点的人发现彼此的距离越来越远。

起点相差悬殊的人在终点上也可能相差悬殊，只不过这两个人的状况恰好相反，而这些也都是自己当初的选择所致。

阿拉伯古代有一位智者，他以有先知能力而著称于世。有一天，两个年轻男子去找他。这两个人想愚弄这位智者。他们中的一个在右手里藏一只雏鸟，然后问这位智者："智慧的人啊，我的右手里有一只小鸟，请你告诉我这只鸟是死的还是活的?"如果这位智者说"鸟是活的"，那么拿着小鸟的人将手一握，把小鸟弄死；如果他说"鸟是死的"，那么那个人只需把手松开，小鸟就会

· 51 ·

振翅而飞。两个人认为他们万无一失，因为他们觉得问题只有这两种答案。老人久久地看着他们，最后微笑起来，回答说："我告诉你答案，我的朋友，这只鸟是死是活完全取决于你的手。"

人生也是如此，无论是取得好的结果还是不好的结果，完全在于我们自己的选择，选择哭泣，选择微笑，选择努力，选择懒惰，选择勤奋……都在于我们自己，有什么样的选择就决定了什么样的人生。

演说家马克·汉森在开始写作之前，经营的却是建筑业，当他在建筑业经营彻底破产之后，果断地选择了放弃，选择了彻底退出建筑业，并忘记有关这一行的一切知识和经历，甚至包括他的老师——著名建筑师布克敏斯特·富勒。他决定去一个截然不同的领域创业。

他很快就发现自己对公众演说有独到的领悟和热情，而这是最容易赚钱的职业。一段时间后，他成为一个最富有感召力的一流演讲师。后来，他的著作《心灵鸡汤》和《心灵鸡汤Ⅱ》双双登上《纽约时报》的畅销书排行榜，并停留数月之久。

选择是一个痛苦的过程，因为选择而放弃，人总怕错过最好的，于是总难抉择。这就需要我们每个人用自己的智慧进行权衡，权衡什么是最重要的，权衡什么是最值得珍惜的，明白自己的人生方向在哪，之后，大胆地选择。选择了就不要因为失去的那些而后悔，因为有失才会有得。

人生其实就是一个选择的过程，你选择了什么，生活就会给予你什么。

以退为进，绕指柔化百炼钢

想要喝到芳香醇郁的美酒就得放下手中的咖啡，想要领略大自然的秀美风光就要离开喧嚣热闹的都市，想要获得如阳光般明媚开朗的心情就要驱散昨日烦恼留下的阴霾。放得下是为了包容与进步，放下对个人意见的执着才能包容，放下对今日旧念的执着才会进步。表面看来，放下似乎意味着失去，意味着后退，其实在很多情况下，退步本身就是在前进，是一种低调的积蓄。

一位学僧斋饭之余无事可做，便在禅院里的石桌上作起画来。画中龙争虎斗，好不威风，只见龙在云端盘旋将下，虎踞山头作势欲扑。但学僧描来抹去几番修改，却仍是气势有余而动感不足。

正好无德禅师从外面回来，见到学僧执笔前思后想，最后还是举棋不定，几个弟子围在旁边指指点点，于是就走上前去观看。学僧看到无德禅师前来，于是就请禅师点评。

禅师看后说道："龙和虎外形不错，但其秉性表现不足。要知道，龙在攻击之前，头必向后退缩；虎要上前扑时，头必向下压低。龙头向后曲度愈大，就能冲得越快；虎头离地面越近，就能跳得越高。"

学僧听后非常佩服禅师的见解，于是说道："老师真是慧眼独具，我把龙头画得太靠前，虎头也抬得太高，怪不得总觉得动态不足。"

无德禅师借机开示："为人处世，亦如同参禅的道理。退却一步，才能冲得更远；谦卑反省，才会爬得更高。"

另外一位学僧有些不解，问道："老师！退步的人怎么可能向前？谦卑的人怎么可能爬得更高？"

无德禅师严肃地对他说："你们且听我的诗偈：'手把青秧插满田，低头便见水中天。身心清净方为道，退步原来是向前。'你们听懂了吗？"

学僧们听后，点头，似有所悟。

进是前，退亦是前，何处不是前？无德禅师以插秧为喻，向弟子们揭示了进退之间并没有本质的区别。做人应该像水一样，能屈能伸，既能在万丈崖壁上挥毫泼墨，好似银河落九天，又能在幽静山林中蜿蜒流淌，自在清泉石上流。

退，意在"半途而止"，而非半途而废

我们在遇到挫折或遭遇强敌时常常提及"三十六计，走为上策"的说法。"走"的本义是"跑"，引申为"逃跑"。逃跑何以是上策呢？

原来，"走为上"在《三十六计·败战计》中，意指形势不利，要避免与敌人决战，面前只有三条路可走：竖起白旗，"我服了你"——投降；眼见再斗下去并没有任何好处，"打平手算了"——讲和；投降是百分之百失败，讲和算百分之五十失败，还不如逃跑——逃跑可以保全实力，有从退中求胜的希望。逃跑比起投降、讲和，堪称"上策"。尤其值得提醒的是：退却是指半途而止，并不是半途而废，它包含着积极的内涵，而不是消极地夹着尾巴逃跑。为了把握好这一点，让我们再重温一下浪里白条张顺"退中求胜"智胜黑旋风的故事。

《水浒》第三十七回有"黑旋风斗浪里白条"的情节，十分精彩，描写李逵与戴宗、宋江三人在靠江琵琶亭酒馆饮酒，李逵到江边渔船抢鱼，趁着酒兴，闹将起来。书中写道：正热闹里，只见一个人从小路里走出来，众人看见叫道："主人来了，这黑大汉在此抢鱼，都赶散了渔船。"

那人道："什么黑大汉，敢如此无礼？"众人把手指道："那厮兀自在岸边寻人厮打。"那人抢将过去，喝道："你这厮吃了豹子心、大虫胆，也敢来搅乱老爷的道路！"李逵看那人时，六尺五六身材，三十二三年纪，三缕掩口黑髯，头上裹顶青纱万字巾……手里提条秤。那人正来卖鱼，见了李逵在那里横七竖八打人，便把秤递与行贩接了，赶上前来大喝道："你这厮要打谁？"李逵不回话，抢过竹篙，却望那人便打，那人抢过去，早

夺了竹篙，李逵便一把揪住那人头发，那人便奔他下三面，要跌李逵。

怎敌得李逵水牛般气力，直推将开去，不能够拢身，那人便望肋下擂得几拳，李逵那里看在眼里，那人又飞起脚来踢，被李逵直把头按将下去，提起铁锤般大小拳头，去那人脊梁上擂鼓也似打。那人怎生挣扎？李逵正打哩，一个人在背后劈腰抱住，一个人便来帮助手，喝道："使不得，使不得！"李逵回头看时，却是宋江、戴宗。李逵便放了手，那人略得脱身，一道烟走了。

戴宗埋怨李逵道："我教你休来讨鱼，又在这里和人厮打。倘或一拳打死了人，你不去偿命坐牢？"李逵应道："你怕我连累你，我自打死了一个，我自去承当。"宋江便道："兄弟休要论口，拿了布衫，且去吃酒。"李逵向那柳树根头，拾起布衫，搭在胳膊上。跟了宋江、戴宗便走。行不得数十步，只听得背后有人叫骂道："黑杀才今番要和你见个输赢。"李逵回头看时，便是那人脱得赤条条地，匾扎起一条水裤儿，露出一身雪练也似白肉……在江边独自一个把竹篙撑着一只渔船赶将来，口里大骂道："千刀万剐的黑杀才，老爷怕你的，不算好汉！走的，不是好男子！"李逵听了大怒，吼了一声，撇了布衫，抢转身来，那人便把船略拢来，凑在岸边，一手把竹篙点定了船，口里大骂着。李逵也骂道："好汉便上岸来。"那人把竹篙去李逵腿上便搠，撩拨得李逵火起，托地跳在船上。

说时迟，那时快，那人只要诱得李逵上船，便把竹篙往岸边一点，双脚一蹬。李逵当时慌了手脚。那人更不叫骂，撇了竹篙，叫声："你来，今番和你定要见个输赢。"便把李逵胳膊拿住，口里说道："且不和你厮打，先教你吃些水。"两只脚把船只一晃，船底朝天，英雄落水，两个好汉扑通地都翻筋斗撞下江里去。宋江、戴宗急忙赶至岸边，那只船已翻在江里，两个只在岸上叫苦。

江岸边早拥上三五百人，在柳阴底下看，都道："这黑大汉今番却着道儿，便挣扎得性命，也吃了一肚皮水。"宋江、戴宗在岸边看时，只见江面开处，那人把李逵提将起来，又淹将下去，两个正在江心里面清波碧浪中间，一个显浑身黑肉，一个露遍体霜肤。两个打作一团，绞作一块，江岸上那三五百人没一个不喝彩。当时宋江、戴宗看见李逵被那人在水里揪扯，浸得眼白，又提起来，又按下去，老大吃亏，便叫戴宗央人去救。戴宗问众人道："这白大汉是谁？"有认得的说道："这个好汉，便是本处卖鱼主人，唤做张顺。"宋江听得，猛省道："莫不是绰号'浪里白条'的张顺？"众人道："正是，正是。"

"浪里白条"张顺，将"陆战"变成"水战"，在一退一进之间，创造战机，扬长避短，找到了战胜李逵的上策。号称"铁牛"的李逵毕竟不是"水牛"，灌饱江水，吃够了苦头。

此例无疑告诉我们，必须处理好退与进的关系：退，向对手让步，是避敌锋芒、摆脱劣势的手段，用退来赢得进的积极行动。可是一般人在谋划时喜进而厌退，认为退是怯弱的表现。殊不知退的软弱正可以利用来麻痹对手，掩盖自己对进的准备和行动，其实在"软弱"中蕴藏着威力。古代哲学家老子提出"进道若退"，他力主以柔克刚，以退为进，这又岂是只知猛冲猛打的人所能理解的呢？

无论是战场还是商场，也无论是胜利后的退却还是失败后的退却，"退"仅只是手段，而不是最后目的，只要有利于整体目标的实现，"退"又何尝不是上策呢？大自然中的狼族，有许多的成功猎捕正是由"退中求胜"所换取的。

因此，退中求胜的积极意义可概括为：保存实力、重整旗鼓以及待机战胜。

"舍"只是"得"的另一个名字

执着地对待生活，紧紧地把握生活，但又不能抓得过死，松不开手。人生这枚硬币，其反面正是那悖论的另一要旨：我们必须接受"失去"，学会放弃。

国王有五个女儿，这五位美丽的公主是国王的骄傲。她们那一头乌黑亮丽的长发远近皆知，所以国王送给她们每人十个漂亮的发夹。

有一天早上，大公主醒来，一如往常地用发夹整理她的秀发，却发现少了一个发夹，于是她偷偷地到二公主的房里，拿走了一个发夹。

当二公主发现自己少了一个发夹，便到三公主房里拿走一个发夹；三公主发现少了一个发夹，也如法炮制地拿走四公主的一个发夹；四公主只好拿走五公主的发夹。

于是，最小的公主的发夹只剩下九个。

隔天，邻国英俊的王子忽然来到皇宫，他对国王说："昨天我养的百灵鸟叼回一个发夹，我想这一定是属于公主们的，而这也真是一种奇妙的缘分，不知道百灵鸟叼回的是哪位公主的发夹？"

公主们听到了这件事，都在心里说：是我掉的，是我掉的。可是头上明明完整地别着十个发夹，所以都懊恼得很，却说不出口。

只有小公主走出来说："我丢了一个发夹。"话才说完，一头漂亮的长发因为少了一个发夹，全部披散下来，王子不由得看呆了。

故事的结局，当然是王子与公主从此一起过着幸福快乐的日子。

对善于享受简单和快乐的人来说，人生的心态只在于进退适时、取舍得当。因为生活本身即是一种悖论：一方面，它让我们依恋生活的馈赠；另一方面，又注定了我们对这些礼物最终的舍弃。

失去了这种东西，必然会在其他地方有所收获。关键是，你要有乐观的心态，相信有失必有得。要舍得放弃，要正确对待你的失去，失去才能得到，有时舍弃不过是获得的另一个名称，失去也就是另一种获得。

生活有时会逼迫你不得不交出权力，不得不放走机遇，甚至不得不抛下爱情。然而，舍得舍得，有舍才有得。所以，人生要学会放弃，并敢于放弃一些东西。

大舍大得，小舍小得

中国雅虎前任总裁曾鸣曾说："一个臭的决策往往是很容易就决定了，而一个好的决策往往在一时之间难以取舍，这是因为你不知道它到底是对的还是错的。"

其实，一个领导者的决策过程就是舍与得的取舍过程。就像阿里巴巴有很多错误，但是它在取舍方面就有好与坏之分。马云为了使阿里巴巴成为世界上最好的电子商务平台，多年来一直"舍得"让新成立的业务处于亏损状态。

在 2007 年的年会上，马云指出阿里巴巴目前的主要任务是做大规模，而不是赚钱，尤其是对淘宝和支付宝而言。他让大家忘掉钱，忘掉赚钱，不要在意外界对阿里巴巴的负面评价。

很多人都很关注阿里巴巴的淘宝网收费的问题，马云的想法很简单，他认为淘宝如果要真正想赚钱，首先要考虑的是淘宝帮别人是否真正赚了钱。所以说，淘宝现在收费的时机还尚不成熟，因为它的市场还需要培育。比如说，如果阿里巴巴在路上发现了很多的小金子，于是它就不断地捡起来，当它浑身装满了金子的时候它就会走不动，这样的话它就永远到不了金矿的山顶。另外，马云认为淘宝收费是需要有一点创新的，因为所有模仿的东西都不会超出预期值很多，就像 Google 能超出人们期望的高度就是因为它的创新，全球最大门户网站雅虎也是靠自己的创新最终大获成功的。

自从淘宝成立以来，它每年的交易额以 10 倍的速度迅速增长，仅 2007 年上半年的交易额就达到了 157 亿，网站注册会员超过 4000 万，在中国 C2C 市场中的份额几乎达到了 80%。面对这样卓越的成绩，淘宝却说："我们现在的规模连婴儿都不是。"他们认为只有当淘宝的交易额可以与传统的商业巨头，像国美、沃尔玛等相媲美时，淘宝才是真正面向个人用户电子商务的未来所在。

马云的这种舍弃小利益，为社会创造更高价值的理念，使得他把握住了成功的命脉。同时，正是基于对电子商务的坚定信念，马云立志在不久的将来要把阿里巴巴做成世界十大网站之一，从而实现"只要是商人，就一定要用阿里巴巴"的目标。

生活中，掌握进退之道有诸多妙处。大舍大得，小舍小得，退往往只是为了换一个角度、换一个方向，或腾出一些空间。好比两车相逢，有时必须自己先退让，才有前进的可能，或是前进无路，只好后退另寻他途。正面对战已无取胜可能，而且将耗损自己的实力时，可暂时后退，以保存实力补充战力，这才是为人处世之道。

存心舍弃，会有加倍的获得

有取就有舍，而有舍才有得。我们往往只是看到了一个人舍去世俗的荣华富贵和荣誉地位，却忽略了他舍弃这些东西背后所得到的比这些东西更加珍贵的东西，那便是无穷的智慧和人生那种宁静而豁达的境界。其实人生就是一连串取舍的过程，有取就有舍，有舍才有得，而主动舍弃的人，却可能得到上苍加倍的馈赠。

第二次世界大战的硝烟刚刚散尽时，以美英法为首的战胜国首脑们几经磋商，决定在美国纽约成立一个协调处理世界事务的联合国。一切准备就绪后，大家才发现，这个全球至高无上、最权威的世界性组织，竟没有自己的立足之地。

买一块地皮，刚刚成立的联合国机构还身无分文。让世界各国筹资，牌子刚刚挂起，就要向世界各国搞经济摊派，负面影响太大。况且刚刚经历了二战的浩劫，各国政府都财库空虚，许多国家财政赤字居高不下，在寸土寸金的纽约筹资买下一块地皮，并不是一件容易的事情。联合国对此一筹莫展。

听到这一消息后，美国著名的家族财团洛克菲勒家族经商议，果断出资870万美元，在纽约买下一块地皮，将这块地皮无条件地赠与了这个刚刚挂牌的国际性组织——联合国。同时，洛克菲勒家族亦将毗连这块地皮的大面积地皮全部买下。

对洛克菲勒家族的这一出人意料之举，美国许多大财团都吃惊不已。870万美元，对于战后经济萎靡的美国和全世界，都是一笔不小的数目，而洛克菲勒家族却将它拱手赠出，并且什么条件也没有。这条消息传出后，美国许多财团主和地产商都纷纷嘲笑说："这简直是蠢人之举！"并纷纷断言："这样经营不要十年，著名的洛克菲勒家族财团，便会沦落为著名的洛克菲勒家族贫民集团！"

但出人意料的是，联合国大楼刚刚建成完工，毗邻地价便立刻飙升起来，相当于捐赠款数十倍、近百倍的巨额财富源源不尽地涌进了洛克菲勒家族。这种结局，令那些曾经讥讽和嘲笑过洛克菲勒家族捐赠之举的人们目瞪口呆。

这是典型的"因舍而得"的例子。如果洛克菲勒家族没有做出"舍"的举动，勇于牺牲和放弃眼前的利益，就不可能有"得"的结果。放弃和得到永远是辩证统一的。然而，现实中许多人却执着于"得"，常常忘记了"舍"。殊不知，没有舍就没有得，凡是什么都想获得的人，最终会因为无尽的欲望，导致一无所获。

　　生活就是如此，如果你不可能什么都得到的时候，那么就应该学会舍弃，生活有时候会迫使你交出权力，不得不放走机会和恩惠。然而我们要知道，舍弃并不意味着失去，有时候，我们主动去舍弃，反而会得到更多。

过于戒备反而失去更多

　　火车轮在铁轨上疾速地转动着，车厢里平静一片，有人打盹，有人看杂志，有人望着窗外沉思，车厢的一角，坐着一位年轻的妈妈和3岁可爱的儿子。坐在他们对面的是两位机灵的女孩，她们兴致勃勃地交谈着。

　　显然，小男孩骨碌碌的眼珠被两位活泼的姐姐吸引了。两个女孩意识到了这个男孩的说话欲，便把小男孩拉入聊天大军中，一会儿就逗得小男孩哈哈大笑，看来他们是有共同语言的。但是坐在一旁的妈妈不乐意了，眼神中透出对两个女孩的警惕，一把拉住了正在"跳探戈"的儿子，对他说："坐好了，安静一点儿，姐姐们累了。"小男孩不情愿地挪到了座位上。车厢又陷入了平静。"终点站马上就要到了，请您拿好行李准备下车……"车厢广播开始讲话。两个小女孩看着妈妈拎着很多行李，便主动说："我们可以帮你带行李，送你到汽车站。"小男孩也嚷着要跟着姐姐走。

　　可这位妈妈拒绝了她们的好意，一个人拎着沉重的行李，牵着小男孩的手费力地向出站口走去。

　　等他们费尽周折拦了一辆出租车时，看到刚才的那两位女孩正搀扶一位大妈上公交车。这位妈妈望着两位女孩的背影，整个天空忽然亮了。

　　出于对自身的保护，每个人都会产生戒备心理，这是必要的。但是过于戒备，就很可能造成人际关系交往上的障碍，无法信任别人的人不仅让自己内心感到孤独，也会让周围的人对其产生看法，不愿意与其交往。

信任是敞开自己的心扉，向他人传达善意。的确，这样做的结果有时候未必如我们所期望的那样能够得到他人同样信任的回应。也许你的信赖正是对手击败你时会加以利用的因素。我们不可否认，许多人因为信任吃了不少闷亏，但我们同时必须认识到，信赖是一个社会得以维系、社会机制得以正常运转的必要条件。人乃群居之社会动物，身处人群，我们离不开他人的帮助。我们的生活就是一张以人为结点的网，你为了获得自身的安全或一时的利益而封闭了与他人的沟通，与其他人隔绝，无异于将结点之间的连线切断。这样的人际关系网千疮百孔。一张满是洞的网如何能用于捕鱼？你虽得到了自身的安全，但那只是一时之利。为这一时的成败，你失去的是长远的人生。

其实，他人并没有你想得那么坏，主动敞开心扉，他人才愿意与你坦诚相待，一个不信任他人的人不值得他人信任。多与他人交流，分享就可以渐渐减弱这种心理。虽然刚开始你也许觉得自己的内心被看穿，失去了坚硬的外壳，没有了先前的安全感，但到最后你会发现，你得到的是一个和谐的生活环境，你亦可以从他人处得到信任。这样的快乐是一个封闭自我的人终其一生所不可得的。

隐忍退让，放长线钓大鱼

《老子》第三十六章写道："将欲歙之，必固张之；将欲弱之，必固强之；将欲废之，必固兴之；将欲夺之，必固与之。"老子这句话体现出卓越的辩证思想。为了捉住敌人，事先要放纵敌人。这是一种放长线钓大鱼的计谋。一般来说，一时纵敌，百日之患。但是，在特殊情形之下，纵敌不仅无害，反而有益。

有时，"退一步是为了进两步"，处理问题既需要果断，也要善于忍耐，等待最适宜的时机。一代明君康熙除去鳌拜的故事，很好地说明了进退潜规则的好处。

根据祖宗的惯例，康熙满 14 岁那年举行了亲政大典。可是亲政后的康熙帝，仍然没有实权，鳌拜继续大权独揽。皇帝与权臣之间的矛盾，终于在如何对待苏克萨哈的问题上公开化了。

苏克萨哈是顺治皇帝临终时指定的四位顾命大臣之一，一向为鳌拜所妒忌。在一次朝会上，鳌拜对康熙大帝说："苏克萨哈心怀不轨，蓄意篡权，我已下令将他抓了起来。请皇上同意将苏克萨哈立即正法。"此时康熙尽管对鳌拜的做法不满，可自知实力太差，远不是鳌拜的对手，所以只好忍痛。鳌拜一回到家，马上传令绞杀苏克萨哈，同时诛杀了他的家人。

康熙气得两眼冒火，决心要除掉这个欺君擅权的鳌拜。康熙帝深知要除掉鳌拜绝非一件易事，弄不好，激起兵变，那么，他这皇帝的位子也就别想再坐了。经过一夜的冥思苦想，康熙帝最后定下了剪除鳌拜的计策。

第二天鳌拜上朝时，康熙帝不露声色，也不再提苏克萨哈的事情。鳌拜心里暗自得意，他哪里知道，这是康熙大帝高明的地方。没过几天，康熙帝给鳌拜晋爵位，加封号，又给鳌拜的儿子加官晋爵，鳌拜心里美滋滋的。

康熙一面故作软弱无能，稳住鳌拜，一面挑选了十几个机灵的小太监，在宫内舞刀弄棒，练习角力摔跤。康熙帝自己也加入摔跤队伍与小太监们对阵取乐。消息传到宫外，大家认为只不过是小皇帝变着法子闹着玩罢了。

从表面上看，朝中大事一切照旧，鳌拜还是那样为所欲为，康熙对鳌拜还是那样信赖，鳌拜渐渐放松了戒备。练习拳棒和摔跤的小太监们，技艺逐渐纯熟。康熙见时机已到，决定向鳌拜下手。

一天，康熙派人通知鳌拜，说是有要事商量，请他立即进宫。鳌拜直奔宫中，康熙此时正和小太监们摔跤玩呢。鳌拜上前，正要与康熙打招呼，十几个小太监打打闹闹地挨近了鳌拜身边。说时迟，那时快，大家一拥而上，拉胳膊扯腿地将毫无防备的鳌拜翻倒在地。

鳌拜很快反应过来，感到大事不妙想要挣扎反抗时，十几个小太监已牢牢地将他制服在地，哪里肯让他脱身。他们拿来准备好的绳索，将鳌拜捆了个结结实实。

康熙声色俱厉地对躺在地上动弹不得的鳌拜说："你欺凌幼主，图谋不轨，飞扬跋扈，滥杀无辜。今日下场是你罪有应得。你鳌拜罪行累累，罄竹难书，待我查清你的罪行，一定严惩，绝不宽待。"

鳌拜自知难逃一死。紧紧地闭着双眼，一句话也不说，只能像待宰的羔羊那样任人宰割！

人在逆境中，最需要的防身术是一个"忍"字，学会忍辱负重，藏而不露，才能在别人不知不觉中发展壮大，待时机成熟，你便可以马上脱颖而出。隐忍退让，就是为了放长线钓大鱼。

关键时刻懂得务实妥协

现实生活中，各种人际矛盾和争斗层出不穷，对于这些争斗有很多种解决方式，务实"妥协"是其中最有效的方式之一。

务实"妥协"是双方或多方在某种条件下达成的共识，在解决问题上，它不是最好的办法，但在没有更好的方法出现之前，它是最好的选择。

首先，它可以避免时间、精力等"资源"的继续投入。在"胜利"不可得，而"资源"消耗殆尽却日渐成为可能时，务实"妥协"可以立即停止消耗，使自己有喘息、整补的机会。也许你会认为，强者不需要妥协，因为他"资源"丰富，能够与你进行长时间的持久战。理论上是这样，可问题是，当弱者以飞蛾扑火之势咬住你时，你纵然得胜，也是损失不少的"惨胜"，所以在某些状况下强者也需要妥协。

其次，它可以借助妥协的和平时期来扭转对你不利的劣势。对方提出妥协，表示他有力不从心之处，他也需要喘息，说不定他要放弃这场与你的争斗；如果是你提出，若他愿意接受，并且同意你提出的条件，表示他也无心或无力继续这场"战争"，否则他是不大可能放弃胜利的果实的。因此，务实"妥协"可创造"和平"的时间和空间，而你便可以利用这段时间来促使矛盾关系的转化。

另外，它还可以维持自己最起码的"存在"。妥协常有附带条件，如果你是弱者，并且主动提出妥协，那么可能要付出相当多的代价，但却换得了"存在"。"存在"是一切的根本，因为没有"存在"就没有未来。也许这种附带条件的妥协对你不公平，让你感到屈辱，但用屈辱换得存在，换得希望，这又何尝不可呢？

务实"妥协"有时候会被误解为屈服、软弱的"投降"行为，但从上面所提的几点来看，务实"妥协"其实是通权达变的处世智慧。凡是处世的智者，都懂得在恰当时机接受别人的妥协，或向别人提出妥协，毕竟人要生存，靠的是理性，不是一时的冲动。

当然，妥协时也必须做到因地制宜。

第一，要善于发现你的目标所在。也就是说，你不必把资源浪费在无益的争斗上，能妥协就妥协，不能妥协，放弃争斗也无不可。但倘若你争的本就是大目标，那么绝不可轻易妥协。

第二，要看"妥协"的条件。若要面子就要求面子，但不必把对方弄得无路可退，这不是为了道德正义，而是为了避免狗急跳墙，是有利害考虑的。如果你是提出妥协的弱者，且有不惜玉石俱焚的决心，相信对方会接受你的条件。

总之，务实"妥协"可改变现状，转危为安，是战术，也是战略。

第五章
低调做人，高调做事

志当存高远

　　成功人士都是靠超前一步而取得成功的。奥运会金牌得主不光靠技术，而且还靠远见的巨大推动力。商界领袖也一样。远见就是推动前进的梦想。正如道格拉斯·勒顿说的："你决定人生追求什么之后，就做出了人生最重大的选择。要想如愿，首先要弄清你的愿望是什么。"有了志向，你就看清了自己的目标。有了志向，你就有一股无论顺境逆境都勇往直前的动力。

　　维斯卡亚公司是 20 世纪 80 年代美国最为著名的机械制造公司，其产品销往全世界，并代表着当今重型机械制造业的最高水平。许多人毕业后到该公司求职均遭拒绝，原因很简单：该公司的高技术人员爆满，不再需要各种高技术人才。但是令人垂涎的待遇和足以自豪、炫耀的地位仍然向那些有志的求职者闪烁着诱人的光环。

　　史蒂芬是哈佛大学机械制造业的高才生。和许多人的命运一样，他在该公司每年一次的用人测试会上被拒绝。史蒂芬并没有死心，他发誓一定要进入维斯卡亚重型机械制造公司。于是，他采取了一个特殊的策略——假装自己一无所长。

　　他先找到公司人事部，提出为该公司无偿提供劳动力，请求公司分派给他任何工作，他都不计任何报酬来完成。公司起初觉得这简直不可思议，但考虑到不用任何花费，也用不着操心，于是便分派他去打扫车间里的废铁屑。

一年来，史蒂芬勤勤恳恳地重复着这种简单却劳累的工作。为了糊口，下班后他还要去酒吧打工。这样，虽然得到老板及工人们的好感，但是仍然没有一个人提到录用他的问题。

　　20世纪90年代初，公司的许多订单纷纷被退回，理由均是产品质量问题，为此公司蒙受了巨大的损失。公司董事会为了挽救颓势，紧急召开会议商议对策。当会议进行很长时间却未见眉目时，史蒂芬闯入会议室，提出要见总经理。

　　在会上，史蒂芬对这一问题出现的原因做了令人信服的解释，并且就工程技术上的问题提出了自己的看法，随后拿出了自己对产品的改造设计图。这个设计非常先进，恰到好处地保留了原来机械的优点，同时克服了已出现的弊病。

　　总经理及董事会的董事见到这个编外清洁工如此精明在行，便询问了他的背景以及现状。尔后，史蒂芬被聘为公司负责生产技术问题的副总经理。

　　原来，史蒂芬在做清扫工时，利用清扫工到处走动的特点，细心察看了整个公司各部门的生产情况，并一一做了详细记录，发现了所存在的技术性问题并想出了解决的办法。为此，他花了近1年的时间搞设计，获得了大量的统计数据，为最后一展雄姿奠定了基础。

　　"志当存高远"这是一句千古流传的名言，古人很重视人生志向的确立，志存高远，就会自我激励，奋发向上，有所成就。志向远大，才能克服眼前的困难和自身的弱点，去实现宏伟的志愿！人人都要认真地审视自我，感知理想实现路程的艰辛，要有远大的抱负，但不能偏执自负；要志存高远，但不能好高骛远。

　　自古以来，凡成大事者，无不是立高远之志，以勤为径、以苦作舟去实现自己的理想抱负。

　　昔时少年项羽因为看到秦始皇出游的赫赫声势，就有取而代之的念头，才有历史上的楚汉相争；诸葛亮躬耕南阳，因为常"好为梁父吟,自比管仲乐毅",才有魏晋时期的三国鼎立;霍去病因为有"匈奴未死,何以家为"的壮志,才演绎出一代英雄赞歌;周恩来因为从小便有"为中华之崛起而读书"的豪气而成为开国总理,成就了新中国;巴尔扎克因为年轻时的挥笔豪言"拿破仑用剑无法实现的,我可以用笔完成",才有 350 部鸿篇巨制的源远流传;苏步青教授因为少年时有"读书不忘救国,救国不忘读书"的志向而成为国际公认的几何学权威。

坚守信念,拥有希望

拿破仑·希尔在讲述信念之前,要求人们大声朗诵以下文字,以此实行自我暗示引发信心:

信心是"永恒的万灵丹"。

信心能赋予思考的动力、生命力和行动力!

信心是所有累聚财富途径的起跑点。

信心是所有"奇迹"的根底,也是所有科学法则分析不来的玄妙神迹的发源地。

信心是失意落魄的唯一解毒良方。

信心一旦结合了祈祷,便成了一个人与宇宙大智直接沟通的触媒。

信心是人类有限心智所创造的寻常思考的悸动,能够化为精神力量的主要因素。

信心是人类运用和驾驭宇宙无穷大智的唯一管道。

任何人冲破人生的难关,都需要信念的支撑。信念是什么?数千年来,人类一直认为要在 4 分钟内跑完 1 英里(1.6093 千米)是件不可能的事。但是在 1945 年,罗杰·班纳斯特就打破了这个信念的障碍。他之所以能创造这项佳绩,一是得益于体能上的苦练,二是归功于精神的突破。在此之前,他曾在脑海里多次模拟 4 分钟跑完 1 英里(1.6093 千米),长久下来便形成极为强烈的信念，因而对神经系统有如下了一道绝对命令，必须完成这项使命。他果然做到了大家都认为不可能的事。谁也没想到，在班纳斯特打破纪录后的两年里，竟然有近 400 人进榜。

刘易斯 5 岁的儿子汤姆坚信他收集来的石头可以卖出，来赚自己的零用钱，便在大街旁将自己的石头一溜摆开，举着"今天售价一块钱"的告示牌开始了他的生意。虽然没人问津，但他仍然不动摇自己的信念。最终，竟真的有人买走了一块。他骄傲地说："我跟你说过，一个石头可以卖一块钱——如果你相信自己，你就可能做任何事。"

11 岁的安琪拉患了一种神经系统的疾病，无法走路，甚至举手投足也受到诸多限制，医生预测她的余生将在轮椅上度过。但是，安琪拉并不畏惧，躺在医院病床上，向任何一个愿意倾听的人发誓，有一天她绝对会站起来走路。后来她被转到旧金山湾区的复健专科医院，治疗师深为她不屈的意志所折服，便教她运用想象力去看到自己在走路，医疗师认为这至少能给安琪拉以希望，使她能在长期卧床中有些积极的想法。但是，安琪拉却做得非常认真。

有一天，她再度使尽全力想象自己的双腿在行动时，床真的动了，并开始向房间外移动。她兴奋地大叫："看看我！看啊！看啊！我动了！我可以动了。"医生隐瞒了地震的事实，让安琪拉相信是她真的动了。结果，几年后，安琪拉真的又回到了学校，不用拐杖，不用轮椅，而是用她的双脚。

"我不能"死了，信心才能诞生。

唐娜是一位即将退休的小学四年级的老师，一天她要求班上的学生和她一起在纸上认真填写自己认为"做不到"的事情。每个人都在纸上写下他们所不能做的事，诸如"我没法做 10 次仰卧起坐"，"我不能吃一块饼干就停止"。唐娜则写下"我无法让约翰的母亲来参加母子会""我没办法让黛比喜欢我""我无法不用体罚好好管教亚伦"。然后大家将纸张投入了一个空盒内，将盒子埋在了运动场的一个角落里。唐娜为这个埋葬仪式致词："各位朋友，今天很荣幸能邀请各位来参加'我不能'先生的葬礼。他在世的时候，参与我们的生命，甚至比任何人影响我们还深……现在，希望'我不能'先生平静安息……希望您的兄弟姊妹'我可以''我愿意'能继承您的事业。虽然他们不如您来得有名，有影响力。愿'我不能'先生安息，也希望他的死能鼓励更多人站起来，向前迈进。阿门！"

之后，唐娜将"我不能"纸墓碑挂在教室中，每当有学生无意说出："我不能……"这句话时，她便指向这个象征死亡的标志，孩子们就立刻想起"我不能"已经死了，进而想出积极的解决方法。

唐娜对孩子们的训练，实际上是我们每个人必修的功课。

放低自己，抬高别人

怎么才能要别人喜欢你？因为你在他面前，能让他感到很舒服、很自在、很优越、很有成就、很有自信……周星驰深深地了解这一点，所以——他成功了！

周星驰的票房之所以会高，不是因为他善于演喜剧片，而是因为他是一个"心理学专家"，他懂得真正的成功道理是——把别人垫高了，把自己放低，让别人有了"安全感"，让别人有了"快乐"，让别人有了"自信"，让别人有了"希望"。这样别人才会喜欢自己，让他顺顺利利地成功。

陈安之在《看电影学成功》中是这么说的："一般人是如何获得自信的？是通过比较：你比较好，所以我就没有自信；我比较好，就变成你没有自信。而每一个人都希望得到认同、得到自信。所以，周星驰演的角色，10部片子有9部都是演一个常被嘲笑常被欺辱的人，演一个最被人看不起的人，能让所有人都觉得：'我一定会赢过你'的人，结果影片最后，周星驰一定会一反弱态，战胜强敌，扬眉吐气……"

这就叫"Tee－up 法则"——Tee 是打高尔夫球用的小支球托，up 就是把它垫高起来的意思。所有人打高尔夫球，在开杆的时候，他都必须插下那个 Tee，才有办法把球打飞起来。

这就是 Tee 的作用——把自己放低了（像没有价值），再把对方垫高了（对方显得高大而有价值），结果自己就成了对方离不开的，最有价值的"Tee"。

柯南道尔很少给别人签名留念。

有一次，他收到一封从巴西寄来的信，信中说：

"我很希望得到一张您亲笔签名的照片，然后，我会将它放在我的房间里。这样的话，我不仅天天可以看见您，而且我坚信，若有贼进来，一看到您的照片，肯定会吓得屁滚尿流，逃之天天！"

收到信的当天，柯南道尔就很爽快地给对方寄去了一张亲笔签名的照片。

结交朋友，发展关系，不光要抬高别人，还要放低自己。福特公司的创始人福特就是一个很会放低自己的人：

1923 年，美国福特公司有一台大型发电机不能正常运转，公司里的几位工程技术人员百般努力都无济于事。福特焦急万分，只好请来德国籍科学家斯特罗斯。

斯特罗斯来到福特公司后，爬上爬下地在电机的各个地方倾听空转的声音，然后用粉笔在电机的左边一个长条地方画了两道线。

"毛病出在这儿，"科学家对福特说，"多了 16 圈线圈，拆掉多余的线圈就行了。"

技术人员照此一试，电机果真奇迹般运转了。

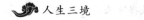

大家对斯特罗斯表示非常的感谢。

"不用谢了，给我1万美元就行了！"斯特罗斯说。

"天哪！画条线就要1万美元？"技术人员大吃一惊。

"是的！"斯特罗斯傲慢地说，"粉笔画一条线不值1美元，但知道该在哪里画线的技术超过9999美元！"

看着傲慢的科学家，福特不仅愉快地付了1万美元酬金，并且表示愿用高薪聘请他。谁料，科学家毫不心动，他说现在的公司对他有恩，他不可能见利忘义去背叛公司。

福特一听，干脆花巨资把斯特罗斯所在的公司整个买了下来。以福特的地位和财势，竟敢于"丢下面子"忍受斯特罗斯的傲慢和冷嘲热讽，这是因为福特清楚成大事者必须以人为本，而斯特罗斯就是他取得更多财富的无价之"宝藏"。为了留下这座"宝藏"，福特竟然花巨资买下了他所属的公司。看来，要想求人必须放下身段。

刘备为求得千古难遇的人才，三顾茅庐，感动得诸葛亮忠心耿耿，为了蜀国的发展，鞠躬尽瘁，死而后已；张良为学到失传的兵书，三次起早摸黑去桥边等候，才得到了运筹帷幄、克敌制胜的《太公兵法》。因此，要想让别人喜欢你，就要放下架子，以诚恳平易的心态对待他人，才能够为自己打造融洽的人际关系，赢得好人缘。

接受你无法改变的

有些人仅仅因为打翻了一杯牛奶或轮胎漏气就神情沮丧，失去控制。这不值得，甚至有些愚蠢，但这种事不是天天在我们身边发生吗？

人们总是为不期而来的意外烦恼不已，他们悲观失望，结果让自己的生活变得更糟糕。这样做真的很愚蠢，我们既然不能改变既成事实，那为什么不面对事实，改变面对坏事的态度呢？

这里有一个美国旅行者在苏格兰北部过节的故事。这个人问一位坐在墙边的老人："明天天气怎么样？"老人看也没看天空就回答说："是我喜欢的天气。"旅行者又问："会出太阳吗？""我不知道。"他回答道。"那么，会下雨吗？""我不想知道。"这时旅行者已经完全被搞糊涂了。"好吧，"他说，"如果是你喜欢的那种天气的话，那会是什么天气呢？"老人看着美国人，说："很久以前我就知道我没法控制天气了，所以不管天气怎样，我都会喜欢。"

别为你无法控制的事情烦恼，你有能力决定自己对事件的态度。如果你不控制它们，它们就会控制你。

所以别把牛奶洒了当做生死大事来对待，也别为一只瘪了的轮胎苦恼万分。既然已经发生了，就当它们是你的挫折。但它们只是小挫折，每个人都会遇到，你对待它的态度才是重要的。不管此时你想取得什么样的成绩，不管是创建公司还是为好友准备一顿简单的晚餐，事情都有可能会弄砸。也许面包放错了位置，也许你失去一次升职的机会，预先把它们考虑在内吧。否则的话，它会毁了你取胜的信心。

当你遭遇了挫折，就当是付了一次学费好了。

1985年，17岁的鲍里斯·贝克作为非种子选手赢得了温布尔登网球公开赛冠军，震惊了世界。1年以后他卷土重来，成功卫冕。又过了1年，在一场室外比赛中，19岁的他在第二轮输给了名不见经传的对手，被杀出局。在后来的新闻发布会上人们问他有何感受。他以在他那个年龄少有的机智，答道："你们看，没人死去——我只不过输了一场网球赛而已。"

他的看法是正确的：这只不过是场比赛。当然，这是温布尔登网球公开赛；当然，奖金很丰厚。但这不是生死攸关的事。

如果你发生了不幸的事——爱情受阻，或者是银行突然要你还贷款——你就能够，如果你愿意的话，用这个经验来应付它们。你可以把它们记在心里，就好像带着一件没用的行李。但如果你真要保留这些不快的回忆，记住它们带给你的痛苦感情，并让它们影响你的自我意识的话，你就会阻碍自己的发展。选择权在你自己手中：只把坏事当做经验教训，把它抛在脑后吧。换句话说，丢掉让自己情绪变坏的包袱。

不要把自己当做大人物

做人，最怕把别人客套的赞美当真，把自己当作了不得的大人物。自信过了头，就是自大。自大的人往往会高估自己，也低估别人。世界上从来不缺优秀的人，缺的是优秀而又不把自己当回事儿的人。不可自以为是，目中无人，目空一切。

何晶是新加坡总理李显龙的夫人，随着李显龙的宣誓就职，何晶也开始走到了新加坡的政治前台。何晶是位精明能干却始终保持低调，尤其不愿被媒体曝光的商业女强人，因此对于她的身世和成就，在新加坡鲜为人知。如今，随着夫君正式宣誓就职，何晶不得不开始在媒体面前"曝光"。

不过，如果稍加留意就不难发现，在美国《财富》杂志首次选出亚洲 25 位最具影响力的企业家排行榜上，何晶排名第 18 位，与索尼集团行政总裁出井伸之、日本丰田汽车社长张富士夫及香港富商李嘉诚齐名。只是当时并没有多少人将她与李显龙联系在一起。

身为新加坡官方最重要的投资控股公司——淡马锡控股公司执行董事的何晶，目前掌管着新加坡遍布全球各地的数百亿美元资产。淡马锡控股公司成立于 1974 年，辖下大型企业包括新加坡航空公司、新加坡电信、新加坡发展银行和世界有名的新加坡动物园等。

她在一次接受媒体的采访时曾说："我和他（李显龙）时常

意见相左，但我们在这些问题上常做有益的辩论。李显龙（当时）虽然是财政部长，但他不能做任何片面决策，他只是一个团队的一分子而已。"

新加坡虽然是一个小国，但在亚洲却是一个经济强国，作为新加坡的第一夫人，何晶却喜欢朴素装扮，她经常留着一头短发。喜欢舒适朴素装扮的何晶，曾在美国接受电子工程教育，因此她也是一位出色的政府学者。在 1985 年嫁给李显龙时，何晶正在新加坡国防部任职，当时李显龙刚以准将一职自军中退役。

接受记者采访时，何晶给记者讲了一个寓言故事：

两只大雁与一只青蛙结成了朋友。秋天来了，大雁要飞回南方，3 个朋友舍不得分开。大雁对青蛙说："要是你也能飞上天多好呀，我们可以经常在一起了。"青蛙灵机一动，它让两个大雁衔住一根树枝，然后它自己用嘴衔在树枝中间，3 个朋友一起飞上了天。地上的青蛙们都羡慕地拍手叫绝。这时有人问："是谁这么聪明？"那只青蛙生怕错过了表现自己的机会，于是大声说："这是我想出来的……"话还没说完，它便从空中掉下来了。

越是真正的强者，越懂得低调行事。那些刻意在人面前显示自己是大人物的人，其实内心十分虚弱。

仰头走路势必被撞

谦虚而豁达的做人方式能使事情做起来更顺利。反之，那种妄自尊大、自以为是的做法必然会引起别人的反感。

1860 年，林肯作为美国共和党候选人参加总统竞选，他的对手是大富翁道格拉斯。

当时，道格拉斯租用了一辆豪华富丽的竞选列车，车后安放了一门大炮，每到一站，就鸣炮 30 响，加上乐队奏乐，气派不凡，声势浩大。道格拉斯得意洋洋地对大家说："我要让林肯这个乡下佬闻闻我的贵族气味。"

林肯面对此情此景，一点也不在乎，他照样买票乘车，每到一站，就登上朋友们为他准备的耕田用的马拉车，发表这样的竞选演说："有许多人写信问我有多少财产。其实我只有一个妻子和 3 个儿子，不过他们都是无价之宝。此外，我还租有一个办公室，室内有办公桌 1 张，椅子 3 把，墙角还有 1 个大书架，架上的书值得我们每个人一读。我自己既穷又瘦，脸也很长，又不会发福，我实在没有什么可以依靠的，唯一可以信赖的就是你们。"

选举结果大出道格拉斯所料，竟是林肯获胜，当选为美国总统。

做事还是谦虚一些好，谦虚往往能得到别人的信赖。谦虚，别人才不会认为你会对他构成威胁。谦虚不仅是人们应该具备的美德，从某种意义上说，谦虚也是获胜的力量。尤其是在对峙双方地域不同、文化背景各异的情况下，偶然一句"我不太明白""我没有理解你的意思""请再说一遍"之类谦恭的言语，会使对方觉得你富有涵养和人情味，真诚可亲，从而提高成功的可能性。

越是有成就的人，态度越谦虚，相反，只有那些浅薄地自以为有所成就的人才会骄傲。美国石油大王洛克菲勒就说："当我从事的石油事业蒸蒸日上时，我晚上睡前总会拍拍自己的额角说：'如今你的成就还是微乎其微！以后路途仍多险阻，若稍一失足，就会前功尽弃，切勿让自满的意念侵吞你的脑袋，当心！当心！'"这就是告诫人们要谦虚，尤其是稍有成就时应格外小心，不要骄傲。

越是谦逊的人，你越是喜欢找出他的优点；越是把自己看得了不起，孤傲自大的人，你越会瞧不起他，喜欢找出他的缺点。这就是谦逊的效能。所以，平时你要谦逊地对待别人，这样才能博得人家的支持，为你的事业奠定基础。

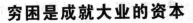

穷困是成就大业的资本

俗话说："穷不灭志，富不癫狂。"这句话说的就是高调做事、低调做人的道理。有些人经常感叹道："我怎么没有本事呢？"事实上，本事就是你所渴望的长处，就是你在困境中磨砺出来的经验。无数事实说明，逆境有时正隐含着更大的成功因素，只要你用自己的毅力和精神加以克服，不利的因素就能转化为成功的种子。如果你精心培育，就会随之开花结果。但在现实生活中，有些人一旦陷入贫穷，或遇到困境，他们要么哀叹命运不公，消沉懈怠；要么羡慕他人，嫉妒他人；要么自怜自卑，缺乏自信，在他人面前抬不起头，说不出话。

在宁夏固原山区一带，那些无情的尘暴经常摧毁并不肥沃的田地、破坏人的生计，有一个自小生活在沙尘阴影下的男孩叫占喜，双亲终其一生都在为生存而与风暴及干旱作斗争。

自从双亲过世之后，年轻人便担负起家庭的重担。直到有一天，他实在到了山穷水尽的地步——没有农作物可以收割，粮仓里一无所有，他就要饿肚子了——占喜眼望着农舍屋顶上面的落尘，只能一筹莫展地坐着发愁。忽然，他8岁的小妹妹开门走进来，身旁还跟着一个她的好朋友。

"哥哥，你可以给我1角钱吗？"她渴切地问道，"我们想到店里去买些饼干，我们每个人都需要1角钱。"

占喜久久说不出话来，因为他想不出一个很好理由来拒绝。但他又没有1角钱，搜遍了全身的口袋也没找到。

"妹妹，非常对不起，"他温和地说道，"我没有1角钱。"当天晚上，占喜翻来覆去睡不着觉，因为他永远也忘不了妹妹脸上失望的表情。有生以来，他经历过不少打击——双亲去世、沙尘暴的袭击……但没有一次像今天这样——他居然没有1角钱可以满足自己年幼的小妹妹这么微小的要求！难道自己连这一点要求也无法满足她吗？占喜想了许久，决心要采取一些行动。就在天色将亮的时候，他终于下定了决心，并想好了整个计划。

占喜一直想当一名教师。但是自从双亲过世之后，他认为自己最好留在家里，以担负起家庭的重任。但是，眼见田地一再受到沙尘风暴的摧残，使他不得不考虑从事其他的工作。于是第二天，占喜到镇上找了一份临时工作，从那时起，他借来许多书，每天都认真研读到深夜，准备有朝一日能得到他真正想要的工作——当一名教师。果然，他后来终于在一间乡村学校找到教职。由于他努力不懈，不但如愿以偿，还赢得了邻居的赞美与尊敬。

穷困也许还是你成就大业的一种资本呢！而这种资本并非人人都有。贫穷困苦能够磨炼一个人的心志和能力。有的人生来贫穷，他自己也无法选择，但有一点可以相信：凡是在困苦的环境中没被击倒，并且更加奋发自强者，都会有百折不挠的韧性和坚持到底的毅力。恶劣环境的一再磨炼，提升和强化了他的能力与意志。这正是一个人担负重大责任的必要条件！所以一个人只要从困苦中走出来，他就能承担大任，这就是成功的本钱！相反，一个生来富贵优越者是很难体验到这些的。

规避风头，走顺畅人生路

老子认为"兵强则灭，木强则折""强梁者不得其死"。老子这种与世无争的谋略思想，深刻体现了事物的内在运动规律，已为无数事实所证明，成为广为流传的哲理名言。

一个有才华的人，在必要的时候，要善于审时度势，隐匿自己。"大成若缺，其用不解，大盈若亏，其用不穷，大辩若讷，大方无隅，大器晚成，大音希声，大象无形"，说的就是要善于藏而不露，以待时机。

唐代的顺宗在做太子时，亦豪言壮语，慨然以天下为己任。在中国古代太子有能力、服人心，自然也是顺利当上皇帝的一个条件。但如果太子能力超过父皇，又往往有逼父退位的举动，就非常危险了，往往会遭父皇的猜忌而被废黜。聪明的太子因此切忌表现出太强的才干，避免名气过盛。顺宗做太子时，曾对东宫僚属说："我要竭尽全力，向父皇进言革除弊政的计划！"他的幕僚告诫他："作为太子，首先要尽孝道，多向父皇请安，问起居饮食冷暖之事，不宜多言国事，况且改革一事又属当前的敏感问题，如若过分热心，别人会以为你邀名邀利，招揽人心。如果陛下因此而疑忌于你，你将何以自明？"太子听得如雷贯耳，于是立刻闭嘴黜音。德宗晚年荒淫而又专制，太子始终不声不响，直至熬到继位，方有唐后期著名的顺宗改革。而隋炀帝的太子就没有那么好的涵养了，一次父子同猎，炀帝一无所获，太子却满载而归，炀帝本来就感到太子对自己不够尊重，这一下被儿子比得抬不起头，于是寻了个罪名把太子名号给废了。同为太子，顺宗明时度势终登皇帝之位，而隋炀帝太子却到处炫耀，处处表现自我，功高盖主，后被废黜，可见锋芒能否适时显露，事关一人的前途命运。

即使是对有大志向的人来说，低调做人也并不是苟且偷生，而是一种以退为进的谋略。老子主张"无为而民自化，我好静而民自主，我无事而民自富，我无欲而民自朴"。又说"上善若水，水善利万物而不争"。水因为安于卑下，不争地位，善利万物，终归大海，所以才能保全自己。溪流和江海一样，成为众水的统领。

唐朝李泌曾以与世无争的谋略，几度出山匡扶唐廷，力挽狂澜，立下卓著功勋。李泌自幼聪敏，博涉经史，精研《易象》，善为文，常游于嵩、华、终南诸山间。当时他的名声很大，唐玄宗赏识他，夸他为"神童"。宰相张九龄器重李泌胆识，呼他为"小友"。唐玄宗欲授李泌官职，李泌固辞不受。玄宗命他与太子游，结为布衣交。太子常称其先生而不称名。

天宝年间，李泌看到天下的危机形势，赴朝廷论当世时务，但为杨国忠所忌，于是他又潜遁名山。后安史之乱发生，太子唐肃宗即位于灵武，特地召见李泌，李泌陈述天下成败之事，堪称肃宗之意。但李泌固辞官职。李泌说："陛下屈尊待臣，视如宾友，比宰相显贵多了。"最后被授以散官拜银青光禄大夫，使掌枢务，凡四方表奏，将相迁除，皆得参与。李泌虽不是宰相但权逾宰相，李泌劝唐肃宗俭约示人，不念宿怨，选贤任能，收揽天下人心，终于收复长安、洛阳。李泌见唐廷转危为安，立即要辞归山林。唐肃宗坚决不同意，说："朕与先生同忧，应与先生同乐，奈何思去？"李泌说："臣有四不可留：臣遇陛下太早，陛下任臣太重，宠臣太深，臣功太高，所以不可复留。"后来终于说服唐肃宗，归隐衡山。

唐代宗时，时局艰难，藩镇割据，又特召李泌出山，命他为相，李泌一再固辞。代宗只好在宫中另筑一书院，让李泌居住，军国之事无不咨商，李泌又成了实际上的宰相。后来当时局好转后，李泌又辞归山林。李泌一生，好谈神仙，颇尚诡诞，实际上是个幌子，他危时出山辅佐朝政，不争权位，安则归山养性，与世无争。

老子说："功遂身退，天之道也。"李泌世乱则出，世安则隐，不贪恋禄位，可谓善处身者。

主动做事，就是自我创造

观察那些不论领导是否在办公室都会努力做事的人，这种人永远不会被解雇，也永远不必为了加薪而罢工。阿尔伯特在《致加西亚的信》一文中如此写道："在这里我们依旧要强调这一点。那些成大事者和平庸的人之间最大的区别就在于，成大事者总是自动自发地去做事，而且愿意为自己所做的一切承担责任。要想获得成功，你就必须敢于对自己的行为负责，没有人会给你成功的动力，同样也没有人可以阻挠你实现成功的愿望。"

　　像无数的美国年轻人一样，詹姆斯在青少年时期和大学时代做过许多的事。修理过自行车，卖过词典，做过家教，当过书店收银员、出纳。大学期间，为了赚取学费，他还给别人打扫过院子，整理过房间和船舱。

　　由于这些事都简单，他曾说它们都是下贱而廉价的。他后来发现自己的想法完全错了。事实上做这些事默默地给了他许多珍贵的教诲，不管做什么样的事，他其实都从中学到了不少的经验。

　　詹姆斯变成了一位管理者，他依旧像原来那样去发现那些需要做的事——哪怕那不是他的事。无论从事什么职业，只要你这么做你就可以超越别人，这不仅让你与众不同，也会为你的成功铺平一条道路。任何一个在公司里做事的职员都应该相信这一点。只要你主动一些，一切就会变得美好起来。

　　主动是什么？主动就是不用别人告诉你，你就可以出色地完成一件事。一个优秀的人应该是一个做事主动的人。而一个优秀的管理者则更应该努力培养人的主动性。

　　主动地去做好一切吧！千万不要等你的领导来催促你。不要做一个墨守成规的人，不要害怕犯错，勇敢一点吧！领导没让你做的事你也一样可以发挥自己的能力，成功地完成任务。要尽力改善，争当领头羊。当你看到什么事情不如意时，要积极主动去做好。你是否觉得你的公司应该制造一种新产品？如果要，就赶快想办法尽量改善吧。你孩子的学校里要不要增添一些新教材？如果要，就立刻发动募捐，以便你的小孩可以使用。你应相信：即便开始时是一个人孤军奋战，只要这个构想真的很好，对众人都有利，很快就会赢得支持。你一定要使自己成为主动去尽力改善的改革者。

　　要主动地参加义务活动。你一定有想参加某些活动却又不敢去的经验，为什么呢？因为你害怕。你不是怕能力不足，就是怕别人的批评与破坏。你害怕被人嘲笑，被人说成巴结奉承，被人指为贪功躁进，因此你裹足不前，不敢向前迈进一步。那些能干又肯干的人，都是主动做事的人，而那些站在场外袖手旁观的人，永远只能是看客。大家都信任脚踏实地的人，人们一致相信：这个人敢说敢做，绝对知道怎么做最好。我们还没听过有人因为没有打扰别人、没有采取行动、要等别人下令才做事而受到称赞的。

成功人士和平庸之辈，是两种截然不同类型的人。成功人士凡事都主动，我们不妨称他为积极主动做事的人。那些庸庸碌碌的普通人凡事都被动，我们不妨称他为消极被动的人。你只要仔细研究这两种人的行为，就可以找到一个成功原理：积极主动做事的人都是不断做事的人，他凡事现在就去做，直到完成为止。消极被动的人，都是懒惰散漫的人，他们会找借口偷懒，直到最后他证明这件事不应该做，没有能力去做，或已经来不及了为止。

积极主动做事的人和消极被动的人之间的差异，从很多细节之处就能看得出来。前者计划好一个假期，就真的会去度假；后者也计划好一个假期，却拖延到明年再打算。前者认为应该定期听成功讲座，结果他真的做到了；后者也认为应该定期听成功讲座，但他会找出各种办法来拖延。前者认为应该发一封E—mail给一个人来恭贺他的成就，他真的敲起了电脑键盘；后者却找了一个好理由来延后，结果一直不去行动。

积极主动做事的人和消极被动的人之间的差异，也会在大事上表现出来。前者想要自己创业，结果他说做就做；后者也想创业，但他总在最后关头思考可能会影响他失败的原因。前者已经40岁了，他很想换一个新事做，结果他真的去做；后者也一样，但他一直犹豫不决，结果什么事也没有做成。

积极主动做事的人和消极被动的人之间的差异，也会在各种行为上表现出来。前者想做就做，因而获得安全感以及更多的收入；后者不会想做就做，因为他不想行动，结果丧失了机会，因而永远度日如年。积极主动做事的人会成就许多事情，消极被动的人很想做事但不会真的去做。

中 篇

经得住诱惑，耐得住寂寞

第一章

面对诱惑，给欲望设个底线

欲望让你的人生烦恼不安

我们接受教育和训练的目的是什么呢，难道是为了得到别人口头上的称赞吗？当然不是，其实在这个世界上真正值得尊重的事情并不是那种无价值的所谓名声，而是根据自己自身的情况进一步提高自己。即使自己不屈服于身体的引诱，不被感官压倒，只做自己应该做的事情，而不追求其他多余的东西，即不产生任何欲望。

人的一生是短暂的，很快我们就将化为灰尘，被世界遗忘。既然生命如此短暂，那在生活中被我们高度重视的东西也就是空洞的、易朽的和琐屑的，至于在肉体和呼吸之外的一切事物，要记住它们既不是属于你的也不是你力所能及的。

有人问智者："白云自在时如何？"智者答："争似春风处处闲！"

那天边的白云什么时候才能逍遥自在呢？当它像那轻柔的春风一样，内心充满闲适，本性处于安静的状态，没有任何的非分追求和物质欲望，放下了时间的一切，它就能逍遥自在了。

保持自己的理性，放下世间的一切假象，不为虚妄所动，不为功名利禄所诱惑，一个人才能体会到自己的真正本性，看清本来的自己。否则，我们只能使自己的心灵处在一种烦恼不安的状态之中。就好像种植葡萄的人目的在种而不在收，如果还要希望自己的葡萄比别人大、比别人多，那他产生的这种欲望将会使自己失去心灵上的自由。因为他会变得不知足，会变得妒忌、吝啬、猜疑，会变得反对那些比他拥有更多葡萄的人。

县城老街上有一家铁匠铺，铺子里住着一位老铁匠。时代不同了，如今已经没人再需要他打制的铁器，所以，现在他的铺子改卖拴小狗的链子。

他的经营方式非常古老和传统。人坐在门内，货物摆在门外，不吆喝，不还价，晚上也不收摊。你无论什么时候从这儿经过，都会看到他在竹椅上躺着，微闭着眼，手里是一只半导体收音机，旁边有一把紫砂壶。

当然，他的生意也没有好坏之说。每天的收入正好够他喝茶和吃饭。他老了，已不再需要多余的东西，因此他非常满足。

一天，一个文物商人从老街上经过，偶然间看到老铁匠身旁的那把紫砂壶，因为那把壶古朴雅致，紫黑如墨，有清代制壶名家戴振公的风格。他走过去，顺手端起那把壶。壶嘴内有一记印章，果然是戴振公的。商人惊喜不已，因为戴振公在世界上有捏泥成金的美名，据说他的作品现在仅存三件：一件在美国纽约州立博物馆；一件在台湾"故宫博物院"；还有一件在泰国某位华侨手里，是那位华侨 1993 年在伦敦拍卖会，以 56 万美元的拍卖价买下的。商人端着那把壶，想以 10 万元的价格买下它，当他说出这个数字时，老铁匠先是一惊，然后很干脆地拒绝了，因为这把壶是他爷爷留下的，他们祖孙三代打铁时都喝这把壶里的水。

虽然壶没卖，但商人走后，老铁匠有生以来第一次失眠了。这把壶他用了近 60 年，并且一直以为是把普普通通的壶，现在竟有人要以 10 万元的价钱买下它，他转不过神来。

过去他躺在椅子上喝水，都是闭着眼睛把壶放在小桌上，现在他总要坐起来再看一眼，这种生活让他非常不舒服。特别让他不能容忍的是，当人们知道他有一把价值连城的茶壶后，来访者络绎不绝，有的人打听还有没有其他的宝贝，有的甚至开始向他借钱。他的生活被彻底打乱了，他不知该怎样处置这把壶。当那位商人带着20万现金，再一次登门的时候，老铁匠没有说什么。他招来了左右邻居，拿起一把斧头，当众把紫砂壶砸了个粉碎。

现在，老铁匠还在卖拴小狗的链子，据说，他现在已经106岁了。

通过这个故事证明，"人到无求品自高"，人无欲则刚，人无欲则明。无欲能使人在障眼的迷雾中辨明方向，也能使人在诱惑面前保持自己的人格和清醒的头脑，不丧失自我。在这个充满诱惑的花花世界里，要想真正做到没有一丝欲望，毫无牵挂的确很难。

要想做到"无欲"，首先要有一颗静如止水的心。不受到外界事物打扰，好好地坚持走正确的道路，正确地思考和行动，就能消除你的欲望。心淡如水是生命褪去了浮华之后，对生活中那些细微处的感动，只有用感恩的心生活，从而在一种幸福的平静流动中度过一生，才能在人生感悟之中找寻到生命的意义所在，才能做到不为"欲"所牵连、不为"欲"所迷惑，在欲望充斥的浊世之中仍能保持心中的一方净土。

欲望是一条看不见的灵魂锁链

画，远看则美。山，远望则幽。思想，远虑则能洞察事物本末。心，远放则可少忧少恼。

在某些情境之下，距离是能够产生美的，对名利的疏远尤甚，能够给人带来清明的心智与洒脱的态度。

"天下熙熙，皆为利来，天下攘攘，皆为利往。"从古至今，多少人在混乱的名利场中丧失原则，迷失自我，百般挣扎反而落得身败名裂。古人说得好："君子疾没世而名不称焉，名利本为浮世重，古今能有几人抛？"

这世上的人，有几人能够在名利面前淡然处之，泰然自若？

"人人都说神仙好，唯有功名忘不了"，这是《红楼梦》里的开篇偈语，这一首《好了歌》似乎在诉说繁华锦绣里的一段公案，又像是在告诫人们提防名利世界中的冷冷暖暖，看似消极，实则是对人生的真实写照，即使在数百年后的今天依然如此。世人总是被欲望蒙蔽了双眼，在人生的热闹风光中奔波迁徙，被身外之物所累。

那些把名利看得很重的人，总是想将所有财富收到自己囊中，将所有名誉光环揽至头顶，结果必将被名缰利锁所困扰。

一天傍晚，两个非常要好的朋友在林中散步。这时，有位小和尚从林中惊慌失措地跑了出来，俩人见状，并拉住小和尚问："小和尚，你为什么如此惊慌，发生了什么事情？"

小和尚忐忑不安地说："我正在移栽一棵小树，却突然发现了一坛金子。"

这俩人听后感到好笑，说："挖出金子来有什么好怕的，你真是太好笑了。"然后，他们就问，"你是在哪里发现的，告诉我们吧，我们不怕。"

和尚说："你们还是不要去了吧，那东西会吃人的。"

两人哈哈大笑，异口同声地说："我们不怕，你告诉我们它在哪里吧。"

于是和尚只好告诉他们金子的具体地点，两个人飞快地跑进树林，果然找到了那坛金子。好大一坛黄金！

一个人说："我们要是现在就把黄金运回去，不太安全，还是等到天黑以后再运吧。现在我留在这里看着，你先回去拿点儿饭菜，我们在这里吃过饭，等半夜的时候再把黄金运回去。"于是，另一个人就回去取饭菜了。

留下来的这个人心想："要是这些黄金都归我，该有多好！等他回来，我一棒子把他打死，这些黄金不就都归我了吗？"

回去的人也在想："我回去之后先吃饱饭，然后在他的饭里下些毒药。他一死，这些黄金不就都归我了吗？"

不多久，回去的人提着饭菜来了，他刚到树林，就被另一个人用木棒打死了。然后，那个人拿起饭菜，吃了起来，没过多久，他的肚子就像火烧一样痛，这才知道自己中了毒。临死前，他想起了和尚的话："和尚的话真对啊，我当初就怎么不明白呢？"

人为财死，鸟为食亡。可见，"财"这只拦路虎，它美丽耀眼的毛发确实诱人，一旦骑上去，又无法使其停住脚步，最后必将摔下万丈深渊。

名利，就像是一座豪华舒适的房子，人人都想走进去，只是他们从未意识到，这座房子只有进去的路，却没有出来的门。枷锁之所以能束缚人，房子之所以能困住人，主要是因为当事人不肯放下。放不下金钱，就做了金钱的奴隶；放不下虚名，就成了名誉的囚徒。

庄子在《徐无鬼》篇中说："钱财不积则贪者忧；权势不尤则夸者悲；势物之徒乐变。"追求钱财的人往往会因钱财积累不多而忧愁，贪心者永不满足。追求地位的人常因职位不够高而暗自悲伤。迷恋权势的人，特别喜欢社会动荡，以求在动乱之中借机扩大自己的权势。而这些人，正是星云大师所说的"想不开、看不破"的人，注定烦恼一生。

权势等同枷锁，富贵有如浮云。生前枉费心千万，死后空持手一双。莫不如退一步，远离名利纷扰，给自己的心灵一片可自由驰骋的广袤天空，于旷达开阔的境界中欣赏美丽的世间风景。

名利不过是生命的尘土

有一位高僧，是一座大寺庙的住持，因年事已高，心中思考着找接班人。

一日，他将两个得意弟子叫到面前，这两个弟子一个叫慧明，一个叫尘元。高僧对他们说："你们俩谁能凭自己的力量，从寺院后面悬崖的下面攀爬上来，谁将是我的接班人。"

　　慧明和尘元一同来到悬崖下，那真是一面令人望而生畏的悬崖，崖壁极其险峻、陡峭。

　　身体健壮的慧明，信心百倍地开始攀爬。但是不一会儿他就从上面滑了下来。

　　慧明从地上爬起来重新开始，尽管他这一次小心翼翼，但还是从悬崖上面滚落到原地。

　　慧明稍事休息后又开始攀爬，尽管摔得鼻青脸肿，他也绝不放弃……

　　让人感到遗憾的是，慧明屡爬屡摔，最后一次他拼尽全身之力，爬到一半时，因气力已尽，又无处歇息，重重地摔到一块大石头上，当场昏了过去。高僧不得不让几个僧人用绳索将他救了回去。

　　接着轮到尘元了，他一开始也和慧明一样，竭尽全力地向崖顶攀爬，结果也屡爬屡摔。

　　尘元紧握绳索站在一块山石上面，他打算再试一次，但是当他不经意地向下看了一眼以后，突然放下了用来攀上崖顶的绳索。然后他整了整衣衫，拍了拍身上的泥土，扭头向着山下走去。

　　旁观的众僧都十分不解，难道尘元就这么轻易地放弃了？大家对此议论纷纷。只有高僧静静地看着尘元的去向。

　　尘元到了山下，沿着一条小溪顺水而上，穿过树林，越过山谷，最后没费什么力气就到达了崖顶。

　　当尘元重新站到高僧面前时，众人还以为高僧会痛骂他贪生怕死、胆小怯弱，甚至会将他逐出寺门。谁知高僧却微笑着宣布将尘元定为新一任住持。众僧皆面面相觑，不知所以。

　　尘元向其他人解释："寺后悬崖乃是人力不能攀登上去的。但是只要在山腰处低头看，便可见一条上山之路。师父经常对我们说'明者因境而变，智者随情而行'，就是教导我们要知伸缩退变啊！"

高僧满意地点了点头说："若为名利所诱，心中则只有面前的悬崖绝壁。天不设牢，而人自在心中建牢。在名利牢笼之内，徒劳苦争，轻者苦恼伤心，重者伤身损肢，极重者粉身碎骨。"随后，高僧将衣钵锡杖传交给了尘元，并语重心长地对大家说："攀爬悬崖，意在勘验你们的心境，能不入名利牢笼，心中无碍，顺天而行者，便是我中意之人。"

不去追求虚假的得益，实实在在地施为，高僧传达的正是这个意旨。在这个世界上，名与利通常都是人们追逐的目标。虽然人人都道"富贵人间梦，功名水上鸥"，可真正要一人放弃对名利的追求，如自断肱骨，是难而又难的。对于名利的追求，已经渗入我们的骨髓了。谁不爱名利呢？名利能给人带来优越的生活，显赫的地位。然而，谁又能保证这种"心想事成"的梦幻生活，能保持五年、十年，甚至更久？13岁的李叔同就能写出"人生犹似西山月，富贵终如草上霜"的诗句，佛意十足。他自己也真正视名利如浮云，飘然出家。

出家，不过出的是家门，人仍在红尘内，名与利仍然如炎夏的蔓藤伸出小而软的触手，纠缠不清。做和尚也是有三六九等的，普通僧人青灯古卷，寒衣草履，有权势的僧人也会出入高屋庙堂与政要周旋，来往前呼后拥，排场十足。弘一法师对此深感惋惜，而他自己对功名利禄更是毫无兴趣。

弘一法师出家后，极力避免陷入名利的泥沼自污其身，因此从不轻易接受善男信女的礼拜供养。他每到一处弘法，都要先立三约：一不为人师，二不开欢迎会，三不登报吹嘘。他谢绝俗缘，很少与俗人来往，尤其不与官场人士接触。

那时弘一法师在温州庆福寺闭关静修时，温州道尹张宗祥慕名前来拜访。能与道尹结交，是一般人求之不得的事情，弘一法师却拒不相见。无奈张宗祥深慕法师大名，非见不可，弘一法师的师父寂山法师只好拿着张宗祥的名片代为求情，弘听央告师父，甚至落泪："师父慈悲！师父慈悲！弟子出家，非谋衣食，纯为了生死大事，妻子亦均抛弃，况朋友乎？乞婉言告以抱病不见客可也！"

张宗祥无奈，只好怏怏而去。

一个人，心要像明月一样皎洁，像天空一样淡泊，才能做到与人无争、与世无争。人世皆无争，才能安心做一名淡泊名利的人。心安定了，才能专注于修行。弘一法师研修律宗，最后能成为一代宗师，与他淡泊名利的心境是分不开的。

慧忠禅师曾经对众弟子说："青藤攀附树枝，爬上了寒松顶；白云疏淡洁白，出没于天空之中。世间万物本来清闲，只是人们自己在喧闹忙碌。"世间的人在忙些什么呢？其实不外乎名、利两个字。万物自闲，全是因为人们自己在争名夺利。不入名利牢笼，才能专注于眼前事、当下事，没有烦忧，达到洒脱的精神境界。

尘世浮华如过眼云烟

人生像一场梦，无定、虚妄、短促，还要承受某些无法避免的痛苦。人生就像天气一样变幻莫测，有晴有雨，有风有雾。无论谁的人生，都不可能一帆风顺，况且，一帆风顺的人生，就像是没有颜色的画面，苍白枯燥。

一个经历过苦难的人，即使他现在的生活依旧被困境所包围，他的内心也不会有太多的痛苦，苦难之于他，早已化为过去的云烟。生命的诞生即是体味困苦的开始，而因为惧怕苦痛而躲避在尘世之外，则永远也尝不到真正的快乐。

等人老了的时候，回过头看看自己走过的路，开心的、伤心的，不都成了过眼云烟吗？一路走过来，难免会有许多辛酸的泪水，难免会有许多欢乐的笑声，当一切成为过去，谁还记得曾经有多痛，曾经有多快乐。

按照这种思路想来，一切都会过去的。那么，对于眼前的不幸，又何必过于执着？尘世的一切荣华富贵，或是苦难病痛，最终都会如云烟般消散，既然如此，无论是幸或不幸，便没有了执着的缘由。

上帝经常听到尘世间万物抱怨自己命运不公的声音，于是就问众生："如果让你们再活一次，你们将如何选择？"

牛："假如让我再活一次，我愿做一只猪。我吃的是草，挤的是奶，干的是力气活，有谁给我评过功，发过奖？做猪多快活，吃罢睡，睡了吃，肥头大耳，生活赛过神仙。"

猪："假如让我再活一次，我要当一头牛。生活虽然苦点儿，但名声好。我们似乎是傻瓜懒蛋的象征，连骂人也都要说'蠢猪'。"

鼠："假如让我再活一次，我要做一只猫。吃皇粮，拿官饷，从生到死由主人供养，时不时还有我们的同类给他送鱼送虾，很自在。"

猫："假如让我再活一次，我要做一只鼠。我偷吃主人一条鱼，会被主人打个半死。老鼠呢，可以在厨房翻箱倒柜，大吃大喝，人们对它也无可奈何。"

鹰："假如让我再活一次，我愿做一只鸡，渴了有水喝，饿了有米吃，住有房，还受主人保护。我们呢，一年四季漂泊在外，风吹雨淋，还要时刻提防冷枪暗箭，活得多累呀！"

鸡："假如让我再活一次，我愿做一只鹰，可以翱翔天空，任意捕兔捉鸡。而我们除了生蛋、报晓外，每天还胆战心惊，怕被捉被宰，惶惶不可终日。"

女人："假如让我再活一次，一定要做个男人，经常出入酒吧、餐馆、舞厅，不做家务，还摆大男子主义，多潇洒！"

男人："假如让我再活一次，我要做一个女人，上电视、登报刊、做广告，多风光。即使是不学无术，只要长得漂亮，一句嗲声嗲气的撒娇，一个蒙眬的眼神，都能让那些正襟危坐的大款们神魂颠倒。"

上帝听后，大笑起来，说道："一派胡言，一切照旧！还是做你们自己吧！"

人们总渴望获得那些本不属于自己的东西，而对自己所拥有的不加以珍惜。其实，每一个生命的个体之所以存在于这个世界上，自有它存在的意义；每一个人所得的上帝一样不会少给，不该得的，绝不会多给。因此，安心做自己，才是智慧的人。

只有安心做自己的人，才能领会放下的大意境，明天在不断更新，何必总是着眼于过去呢？其实，一切事物都是不增不减的，它有它自然循环的道理。繁华的世态看似好，让人可以享尽荣华富贵的生活，所以人们不遗余力地追求，但它背后的真实不过如此，为了追求它，人们在不留神之际便沦陷成名利的玩物，失去快乐的生活。在这里，并不是要人们面对幸福和易于得来的金钱而不去享用，只是把这些看得透彻些，活在当下，自在自然，坦然接受所拥有和能够拥有的一切，面对贫富的变迁少一些迷茫，多一些坦然，真正的幸福才能不请自来。

最长久的名声也是短暂的

看看周围那些你熟知的人，他们之中的一部分可能没有目标，做着一些对自己、对别人都毫无益处的事情，却不明白自己身上真正的本性是怎样的，有一点虚名就会沾沾自喜。这样的做法是不明智的。相反的，在做事情之前，我们一定要弄清楚自己的本性是什么，之后遵从自己的本性，只做属于自己本性的事情。一定要记住，你做的每一件事都要以这件事情的本身价值来进行判断，不要过分注意那些鸡毛蒜皮的小事，你将会对命运的安排和生活的赐予感到满足。

过去熟悉的一些词语现在已经不用了。同样，那些声名显赫的名字如今也被忘却了，例如卡米卢斯、恺撒、沃勒塞斯、邓塔图斯以及稍后一些时候的西庇阿、加图，然后是奥古斯都，还有哈德里安和安东尼。这些事情很快就过去了，变成了历史，甚至有可能被有些人忘记了。上面提到的这些乃是在历史留下丰功伟绩的人，那么其他的人，一旦呼吸停止了，别人就不会再提起他了。如果这样的话，所谓的"永恒的纪念"是什么呢？只是虚无罢了。所以，认识到了本性的人，早就放弃了对名利的追求，即使他们偶然获得了荣誉，也完全不放在心上，只会淡化自己对于名利的渴望和与人攀比的虚荣。

人的行为都是受欲望支配的，可欲望是无穷的，尤其是对于外部物质世界的占有欲，更是一个无底深渊。现实生活中，到处都是诱惑，人的占有欲往往就这样被强烈地激发出来。但是，虽然人们承认欲望的客观存在，并不代表肯定欲望本身，欲望的永无休止只会给我们带来更深重的灾难，所以我们竭力要避免和舍弃的东西正是在欲望的支配下对名利无休无止的渴望。

可以有欲望，但不可有贪欲

伊索有句话说："许多人想得到更多的东西，却把现在所拥有的也失去了。"对于生活，普通的老百姓没有那么多言辞来形容，但是他们有自己的一套语言。于是，老人们会在我们面前念叨：做人啊，要本分，不要丢了西瓜捡芝麻。这个道理其实与文化人伊索说的是一样的。

的确，人生的沮丧很多都是源于得不到的东西。我们每天都在奔波劳碌，每天都在幻想填平心里的欲望，但是那些欲望却像是反方向的沟壑，你越是想填平，它向下凹得越深。

欲望太多，就成了贪婪。贪婪就好像一朵艳丽的花朵，美得你兴高采烈、心花怒放，可是你在注意到它的娇艳的同时，却忘了提防它的香气，那是一种让你身心疲惫却永远也感受不到幸福的毒药。从此，你的心灵被索求所占据，你的双眼被虚荣所模糊。

年轻的时候，艾莎比较贪心，什么都追求最好的，拼了命想抓住每一个机会。有一段时间，她手上同时拥有13个广播节目，每天忙得昏天暗地，她形容自己："简直累得跟狗一样！"

事情总是对立的，所谓有一利必有一弊，事业愈做愈大，压力也愈来愈大。到了后来，艾莎发觉拥有更多、更大不是乐趣，反而成为一种沉重的负担。她的内心始终有一种强烈的不安笼罩着。

1995年，"灾难"发生了，她独资经营的传播公司日益亏损，交往了七年的男友和她分手……一连串的打击直奔她而来，就在极度沮丧的时候，她甚至考虑结束自己的生命。

在面临崩溃之际，她向一位朋友求助："如果我把公司关掉，我不知道我还能做什么？"朋友沉吟片刻后回答："你什么都能做，别忘了，当初我们都是从'零'开始的！"

这句话让她恍然大悟，也让她勇气再生："是啊！我们本来就是一无所有，既然如此，又有什么好怕的呢？"就这样念头一转，她不再沮丧。没想到，在短短半个月之内，她连续接到两笔很大的业务，濒临倒闭的公司起死回生。

历经这些挫折后，艾莎体悟到了人生"无常"的一面：费尽了力气去强求，虽然勉强得到，最后依然也留不住。而一旦放空了，随之而来的可能是更大的能量。她学会了"舍"。为了简化生活，她谢绝应酬，搬离了150平方米的房子，索性以公司为家，挤在一个10平方米不到的空间里，淘汰不必要的家当，只留下一张床、一张小茶几，还有两只做伴的小狗。

艾莎这才发现，原来一个人需要的其实那么有限，许多附加的东西只是徒增无谓的负担而已。

人人都有欲望，都想过美满幸福的生活，都希望丰衣足食，这是人之常情。但是，如果把这种欲望变成不正当的欲求，变成无止境的贪婪，那无形中就成了欲望的奴隶。

在欲望的支配下，我们不得不为了权力、为了地位、为了金钱而削尖了脑袋向里钻。我们常常感到自己非常累，但仍觉得不满足，因为在我们看来，很多人生活得比自己更富足，很多人的权力比自己的大。所以我们别无出路，只能硬着头皮往前冲，在无奈中透支着体力、精力与生命。

这样的生活，能不累吗？被欲望沉沉地压着，能不精疲力竭吗？静下心来想一想：有什么目标真的非要实现不可，又有什么东西值得我们用宝贵的生命去换取？

放弃生活中的"第四个面包"

非洲草原上的狮子吃饱以后，即使羚羊从身边经过，也懒得抬一下眼皮。瑞士的奶牛也是一样，只要吃饱了肚子，它就会闲卧在阿尔卑斯山的斜坡上，一边享受温暖的阳光，一边慢条斯理地反刍。

有一位作家非常赞赏瑞士奶牛和非洲狮子的生存哲学。他说，假如你的饭量是三个面包，那么你为第四个面包所做的一切努力都是愚蠢的。

王立有一个做医生的朋友，几年前王立到一个宾馆去开会，一眼瞥见领班小姐，貌若天仙，便上前搭讪。小姐莞尔一笑，用一种很不经意的口气说："先生，没看见你开车来哦！"他当即如五雷轰顶，大受刺激，从此立志加入有车族。后来朋友和王立在一起吃饭，几杯酒下肚之后，朋友告诉王立，准备把开了一年的"昌河"小面包卖掉，换一辆新款的"爱丽舍"。然后又问王立买车了没有？王立老老实实地回答，还没有，而且在看得见的将来也没有这种可能性。他同情地看着王立："唉！一个男人，这一辈子如果没有开过车，那实在是太不幸了。"

这顿饭让王立吃得很惶惑。因为按他目前的收入水平，买辆"爱丽舍"，他得不吃不喝地攒上好几年。更糟糕的是，若他有一天终于买上了汽车，也许在他还没有来得及品味"幸福"滋味的时候，一个有私人飞机的家伙对他说："作为一个男人，没开过飞机太不幸了！"那他这辈子还有救吗？

　　这个问题困扰了王立很长时间。如何挽救自己，免于堕入"不幸"的深渊，让他甚为苦恼。直到有一天，他无意中看到这样一段话：有菜篮子可提的女人最幸福。因为幸福其实渗透在我们生活中点点滴滴的细微之处，人生的真味存在于诸如提篮买菜这样平平淡淡的经历之中。我们时时刻刻拥有着它们，却无视它们的存在。

　　王立恍然大悟。原来他的朋友在用一个逻辑陷阱蓄意误导他：没有汽车是不幸的。你没有汽车，所以你是不幸的。但这个大前提本身就是错误的，因为"汽车"与"幸福"并无必然的联系。

　　在一个成功人士云集的聚会上，王立激动地表达了自己内心深处对幸福生活的理解："不生病，不缺钱，做自己爱做的事。"会场上爆发了雷鸣般的掌声。

　　成功只是幸福的一个方面，而不是幸福的全部。人们对"成功"的需求是永无止境的，没完没了地追求来自外部世界的诱惑——大房子、新汽车、昂贵服饰等，尽管可以在某些方面得到物质上的快乐和满足，但是这些东西最终带给我们的是患得患失的压力和令人疲惫不堪的混乱。

　　两千多年前，苏格拉底站在熙熙攘攘的雅典集市上叹道："这儿有多少东西是我不需要的！"同样，在我们的生活中，也有很多看起来很重要的东西，其实，它们与我们的幸福并没有太大关系。我们对物质不能一味地排斥，毕竟精神生活是建立在物质生活之上的，但我们不能被物质约束。面对这个已经严重超载的世界，面对已被太多的欲求和不满压得喘不过气的生

活，我们应当学会用好生活的减法，把生活中不必要的繁杂除去，让自己过一种自由、快乐、轻松的生活。

过多的欲望会蒙蔽你的幸福

人很多时候是很贪心的，就像很多人形容的那样，吃自助的最高境界是：扶墙进，扶墙出。进去扶墙是因为饿得发昏，四肢无力，而扶墙出则是因为撑得路都走不了。人愿意活受罪是因为怕吃亏。而有些时候，人总是对自己不满，还是因为太贪心，什么都想得到。

很多人常常抱怨自己的生活不够完美，觉得自己的个子不够高、自己的身材不够好、自己的房子不够大、自己的工资不够高、自己的老婆不够漂亮，自己在公司工作了好几年了却始终没有升职……总之，对于自己拥有的一切都感到不满，觉得自己不幸福。真正不快乐的原因是：不知足。一个人不知足的时候，即使在金屋银屋里面生活也不会快乐，一个知足的人即使住在茅草屋中也是快乐的。

剑桥教授安德鲁·克罗斯比说："真正的快乐是内心充满喜悦，是一种发自内心对生命的热爱。不管外界的环境和遭遇如何变化，都能保持快乐的心情，这就需要一种知足的心态。"知足者常乐，因为对生活知足，所以他会感激上天的赠与，用一颗感恩的心去感谢生活，而不是总抱怨生活不够照顾自己。

有一个村庄，里面住着一个左眼失明的老头儿。

老头儿曾在9岁那年因一场高烧，左眼就看不见东西了。他爹娘顿时泪流满面，一个独生的儿子瞎了一只眼睛可怎么办呀！没料他却说自己左眼瞎了，右眼还能看得见呢！总比两只眼都瞎了要好！比起世界上的那些双目失明的人，不是要强多了吗？儿子的一番话，让爹娘停止了流泪。

老头儿的家境不好，爹娘无力供他读书，只好让他去私塾里旁听。他的爹娘为此十分伤心，他劝说道："我如今也已识了些字，虽然不多，但总比那些一天书没念，一个字不识的孩子强多了吧！"爹娘一听也觉得安然了许多。

后来，他娶了个嘴巴很大的媳妇。爹娘又觉得对不住儿子，而他却说和世界上的许多光棍汉比起来，自己是好到天上去了！这个媳妇勤快、能干，可脾气不好，把婆婆气得心口作痛。他劝母亲说："天底下比她差得多的媳妇还有不少。媳妇脾气虽是暴躁了些，不过还是很勤快，又不骂人。"爹娘一听真有些道理，恼气也少了。

老头儿的孩子都是闺女，于是媳妇总觉得对不起他们家，老头儿说世界上有好多结了婚的女人，压根儿就没有孩子。等日后我们老了，5个女儿女婿一起孝敬我们多好！比起那些虽有儿子几个，却姊娌不和，婆媳之间争得不得安宁要强得多！

可是，他家确实贫寒得很，妻子实在熬不下去了，便不断抱怨。他说："比起那些拖儿带女四处讨饭的人家，饱一顿饥一顿，还要睡在别人的屋檐下，弄不好还会被狗咬一口，就会觉得日子还真是不赖。虽然没有馍吃，可是还有稀饭可以喝；虽然买不起新衣服，可总还有旧的衣裳穿，房子虽然有些漏雨的地方，可总还是住在屋子里边，和那些讨饭维持生活的人相比，日子可以算是天堂了。"

老头儿老了，想在合眼前把棺材做好，然后安安心心地走。可做的棺材属于非常寒酸的那一种，妻子愧疚不已，而老头儿却说，这棺材比起富贵人家的上等柏木是差远了，可是比起那些穷得连棺材都买不起，尸体用草席卷的人，不是要强多了吗？

老头儿活到72岁，无疾而终。在他临死之前，对哭泣的老伴说："有啥好哭的，我已经活到72岁，比起那些活到八九十岁的人，不算高寿，可是比起那些四五十岁就死了的人，我不是好多了吗？"

老头儿死的时候，神态安详，脸上还留有笑容……

老头儿的人生观，正是一种乐天知足的人生观，永远不和那些比自己强的人攀比，用自己的拥有与那些没有拥有的人进行比较，并以此找到了快乐的人生哲学。人生不就这样吗？有总比没有强多了。

很多时候，我们就缺少老头儿的这种心境，当我们抱怨自己的衣服不是名牌的时候，是否想到还有很多人连一套像样的衣服没有；当我们抱怨自己的丈夫没有钱的时候，可否想到那些相爱但却已阴阳两重天的人；当我们抱怨自己的孩子没有拿到第一的时候，是否想到那些根本上不起学的孩子；当我们抱怨工作太累的时候，可否想到那些在街上摆着小摊的小贩们，他们每天起早贪黑，他们根本没有工夫去抱怨……其实，我们已经过得很好了，我们能够在偌大的城市拥有着自己的房子，哪怕只是租的，我们不用为吃饭发愁，我们拥有着体贴的妻子，可爱的孩子，有着依旧对自己牵肠挂肚的父母……实际上我们已经拥有的够多了，还有什么不满意的呢？快乐也是在知足中获得。

第二章
淡看繁华，拒绝诱惑

身外物，不奢恋

从前，有一个非常富有的国王，名叫米达斯。他拥有的黄金数量之多，超过了世上任何人。尽管如此，他仍认为自己拥有的黄金数量还不够多。他碰巧又获得了更多的黄金，这使他非常高兴。他把黄金藏在皇宫下面的几个大地窖中，每天都在那里待上很长时间清点自己有多少黄金。

米达斯国王有一个小女儿名叫马丽格德。国王非常喜欢这个小女儿，他告诉她："你将成为世界上最富有的公主！"但是马丽格德对此不屑一顾。与父亲的财富相比，她更喜欢花园、鲜花与金色的阳光。她大部分时间都是一个人自己玩，因为父亲为获得更多的黄金和清点自己有多少黄金忙得不可开交。和别的父亲不同的是，他很少给她讲故事，也很少陪她去散步。

一天，米达斯国王又来到他的藏金屋。他反锁上大门，将藏金子的箱子打开。他把金子堆到桌子上，开始用手抚摸，看上去他很喜欢那种感觉。他让黄金从手指缝间滑落而下，微笑着倾听它们的碰撞声，仿佛那是一首美妙的曲子。突然一个人影落到了那堆金子上面。他抬起头，发现一个身着白衣的陌生人正对着他笑。米达斯国王吓了一跳。他明明记得把门锁上了呀！他的财宝并不安全！但是陌生人继续对着他微笑。

"你有许多黄金，米达斯国王。"他说道。

"对，"国王说道，"但与全世界所有的黄金相比，那又显得太少了!"

"什么! 你并不满足吗?"陌生人问道。

"满足?"国王说,"我当然不满足。我经常夜不能寐,想方设法获得更多的黄金。我希望我摸到的任何东西都能变成黄金。"

"你真的希望那样吗,米达斯陛下?"

"我当然希望如此了,其他任何事情都难以让我那样高兴。"

"那么你将实现你的愿望。明天早晨,当第一缕阳光透过窗子射进你的房间,你将获得点金术。"陌生人说完便消失了。

米达斯国王揉了揉眼睛。"我刚才一定是在做梦。"他说道,"如果这是真的,我该有多高兴啊!"

第二天米达斯国王醒来时,房间里晨光熹微。他伸手摸了一下床罩。什么也没有发生。"我知道那不是真的。"他叹了口气。就在这时,清晨的阳光透过窗户射进房间。米达斯国王刚才摸的床罩变成了黄金。

"这是真的,是真的!"他兴奋地喊道。他跳下床,在房间中跑来跑去,见什么摸什么。屋里的家具都变成了金子。他透过窗户,向马丽格德的花园望去。"我将给她一个莫大的惊喜。"他自言自语道。

他来到花园中,用手摸遍了马丽格德的花朵,把它们都变成了金子。"她一定会很高兴。"他想。他回到房间中,等着吃早饭。他拿起昨天晚上看过的书,然而他一碰到书,书就变成了金子。"我现在无法看这本书了,"他说道,"不过让它变成金子当然更好。"

就在这时,一个仆人端着吃的东西走了进来。"这饭看起来非常好吃,"他说道,"我先吃那个熟透了的红桃子。"他把桃子拿到手中,但是他还没有尝到桃子是什么滋味,它就变成了金子。米达斯国王把桃子放回到盘子中。"桃子很好看,我却不能吃!"他说道。他从盘子上拿下一个卷饼,但卷饼又立即变成了金子。他

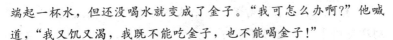

端起一杯水，但还没喝水就变成了金子。"我可怎么办啊？"他喊道，"我又饥又渴，我既不能吃金子，也不能喝金子！"

这时，房门开了，小马丽格德手里拿着一支玫瑰花走了进来，眼里噙满了泪水。

"出了什么事，女儿？"国王问道。

"噢，父亲！你看我的玫瑰花都怎么了？它们变得又硬又丑！"

"嘿，它们是金玫瑰，孩子，你不认为它们比以前的样子更好看吗？"

"不，"她抽泣着说，"它们没有香气，也不再生长。我喜欢活生生的玫瑰。"

"不要在意了，"国王说，"现在吃早饭吧。"

马丽格德注意到父亲没有吃饭，一脸的悲伤。"发生了什么事，亲爱的父亲？"她问道，然后向他跑过来。她伸开双臂，抱住他，他吻了她。但他突然痛苦地喊了起来。他摸了一下女儿，她那漂亮的脸蛋变成了金灿灿的金子，双眼什么也看不到，双唇无法吻他，双臂无法将他抱紧。她不再是一个可爱的、欢笑的小女孩了。她已经变成了一尊小金像。米达斯低下头，大声哭泣起来。

"你高兴吗，陛下？"他听到一个声音问道。他抬起头，看到那个陌生人站在他身旁。

"高兴？你怎么能这样问！我是世界上最不幸的人！"国王说道。

"你掌握了点金术，"陌生人说道，"那还不够吗？"米达斯国王仍低头不语。

"在食物与一杯凉水以及这些金子之间，你更愿意要哪一个？"

"噢，把我的小马丽格德还给我，我愿放弃所有的金子！"国王说道，"我已经失去了应该拥有的东西。"

"你现在比过去明智多了，米达斯国王，"陌生人说道，"跳到从花园旁边流过的那条河中，取一些河水，洒到你希望恢复原状的东西上。"说完这句话，陌生人就消失了。

米达斯一下跳起来，向小河跑去。他跳进去，取了一罐水，然后急忙返回皇宫。他把水洒到马丽格德身上，她的脸蛋立即恢复了血色。她睁开那双蓝眼睛。"啊，父亲！"她说道，"发生了什么事？"米达斯国王高兴地叫了一声，把女儿抱到怀中。从那以后，米达斯国王再也不喜欢金子了，他只钟爱金色的阳光与马丽格德的金发。

物欲太盛造成灵魂变态，精神上永无宁静，永无快乐。正如故事中的国王一样，即使手中已有大量的黄金，还仍不满足。自学会点金术后，他可以拥有更多的金子，然而，凡他手可触及的地方，无论是什么东西，包括他的爱女，均变成了金的。国王陷入了烦恼，失去了快乐，也不再认为拥有更多的金子是幸福的。要想拥有幸福的生活，就要学会控制你的欲望，也要懂得放弃。放弃是一种让步，让步不是退步。让一步，然后养精蓄锐，为的是更好地向前冲。放弃是量力而行，明知得不到的东西，何必苦苦相求，明知做不到的事，何必硬撑着去做呢？须知该是你的便是你的，不是你的，任你苦苦挣扎也得不到。有时你以为得到了，可能失去的会更多；有时你以为失去了不少，却有可能获得了许多。"身外物，不奢恋"，这是思悟后的清醒。谁能做到这一点，谁就会活得轻松，过得自在。

放弃复杂欲求，恢复简单生活

一个樵夫上山去打柴，看见一个人在树下躺着乘凉，就忍不住问他："你为什么不去打柴呢？"

那人不解地问："我为什么要去打柴？"

樵夫说："打了柴好卖钱呀。"

"那么卖了钱又有什么用呢？"

"有了钱你就可以享受生活了。"樵夫满怀憧憬地说。

乘凉的人笑了："那么你认为我现在在做什么？"

这个人没有把自己盲目地投入到紧张的生活中，他过的是恬静的日子——躺在树下轻松自在地呼吸，并且对生命充满由衷的喜悦与感激。这种简单、干净的生活方式是多么令人向往啊。这是一种发自心灵的简单与悠闲。

生活在当下，我们是否应该回头看一看现代人的生活？所有人都莫名其妙地忙碌着，被包围在混乱的杂事、杂务，尤其是杂念之中，一颗颗跳动的心被挤压成了有气无力的皮球，在坚硬的现实中疲软地滚动着。也许是因为在竞争的压力下我们丧失了内心的安全感，于是就产生了担心无事可做的恐惧，所以才急着找事做来安慰自己。这样不知不觉中，我们已经陷入了一种恶性循环，离真正的快乐、甚至真正的生活越来越远。

在20世纪末，人类对自然的征服可谓达到了顶峰，人们恨不得把地球上能开发的地方都开发出来以满足人们日益增长的消费需求。我们被工业、电子、传媒、科技、城市等人工风景紧紧地包围着。信息的汹涌和浩大正如大海的波涛一样，我们每一个人都在这海里沉浮着，在一层层海浪的推举下荡来荡去。也许我们并没失去什么，却凭空地感到凄凉。现代人已经很难找到宁静和从容，找到自己内心的真实。

很多时候，并不是我们在行动，而是大海的力量左右我们的行动。但如果我们认识到自己的处境，从而奋力反抗时势的捉弄，还有可能获得抵达遥远彼岸的希望。可怕的是，我们并没有充分认识到这一点，我们的心已被时代蒙住，看不到自我行动的艰难，而思想的虚弱顺理成章，又极易把被动错认成自由。

也许是我们真的太累了。在追逐生活的过程中，我们也应

该尝试着放弃一些复杂的东西，还原生命的本源，让一切都恢复简单的面孔。其实生活本身并不复杂，复杂的只有我们的内心。所以，要想恢复简单的生活，必须重新开始。

艳羡别人，不如珍惜自己的生活田园

生活中有些人羡慕那些明星、名人日日淹没在鲜花和掌声中，名利双收，以为世间苦痛都与他们无缘。这是羡慕别人的盲区，也是一些人老是羡慕别人光鲜处的原因。事实上，走进明星、名人真正的生活，他们同样有着不为人知的心酸。

俗话说，人生失意无南北，宫殿里也会有悲枥，茅屋里同样也会有笑声。只是，平时生活中无论是别人展示的，还是我们关注的，总是风光的一面，得意的一面。这就像女人的脸，出门的时候个个都描眉画眼，涂脂抹粉，光艳亮丽，这全是给别人看的。回家以后，一个个都素脸朝天。于是，站在城里，向往城外，而一旦走出了围城，你就会发现生活其实都是一样的，有许多我们一直在意的东西，在别人看来也许根本就不算什么。所以，我们根本就没必要将自己的眼光一直投放到别人的生活上，多关注一下自己，欣赏一下自己的人生才能让你真正体会到生活的快意。

故事一：

在一条河的两岸，一边住着凡夫俗子，一边住着僧人。凡夫俗子们看到僧人们每天无忧无虑，只是诵经撞钟，十分美慕他们；僧人们看到凡夫俗子每天日出而作，日落而息，也十分向往那样的生活。日子久了，他们都各自在心中渴望着：到对岸去。

一天，凡夫俗子们和僧人们达成了协议。于是，凡夫俗子们过起了僧人的生活，僧人们过上了凡夫俗子的日子。

几个月过去了，成了僧人的凡夫俗子们就发现，原来僧人的日子并不好过，悠闲自在的日子只会让他们感到无所适从，便又怀念起以前当凡夫俗子的生活来。

成了凡夫俗子的僧人们也体会到，他们根本无法忍受世间的种种烦恼、辛劳、困惑，于是也想起做和尚的种种好处。

又过了一段日子，他们各自心中又开始渴望着：到对岸去。

可见，在你眼中他人的快乐，并非真实生活的全部。每个生命都有欠缺，不必与人作无谓的比较，珍惜自己所拥有的一切就好。

故事二：

一青年总是埋怨自己时运不济，生活不幸福，终日愁眉不展。

这一天，走过一个须发俱白的老人，问："年轻人，干吗不高兴？"

"我不明白我为什么老是这么穷。""穷？我看你很富有啊！"老人由衷地说。"这从何说起？"年轻人问。老人没有正面回答，反问道："假如今天我折断了你的一根手指，给你1000元，你干不干？""不干！"年轻人回答。"假如斩断你的一只手，给你一万元，你干不干？""不干！""假如让你马上变成80岁的老翁，给你100万，你干不干？""不干！""这就对了，你身上的钱已经超过了100万呀！"老人说完，笑吟吟地走了。

由此看来，那些总是认为自己太差的人，他们心灵的空间挤满了太多的负累，从而无法欣赏自己真正拥有的东西。

永远不要眼红那些看上去幸福的人，你不知道他们背后的悲伤。这个社会上，达官显贵不知平凡，他们的外表也着实令人羡慕，但深究其里，每个人都有一本难念的经，这经甚至苦不堪言。

所以，不要再去羡慕别人，好好珍惜上天给你的恩典，你会发现你所拥有的绝对比没有的要多出许多，而缺失的那一部

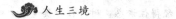

分，虽不可爱，却也是你生命的一部分，接受它且善待它，你的人生会快乐豁达许多。爱你的生命，它会焕发出更明亮的光。

金钱不是唯一能满足心灵的东西

金钱并不是唯一能够满足心灵的东西，虽然它能为心灵的满足提供多种手段和工具，但在现实生活中，我们不能只顾享受金钱而不去享受生活。享受金钱只能让自己早早地堕落，而享受生活却能够使自己不断品尝人生的幸福。享受金钱会使自己被金钱的恶魔无情地缠绕，于是自己的生活主题只有"金钱"二字，整天为金钱所困惑，为金钱而难受，为金钱而痛苦，生活便会沦为围绕一张钞票而上演的闹剧。享受生活的人更在意心灵的宁静与快意。享受金钱的人最后会成为金钱的俘虏。享受生活的人会感觉人生是无限美好的，于是越活越有味道。

美国石油大王洛克菲勒出身贫寒，在他创业初期，人们都夸他是个好青年。当黄金像贝斯比亚斯火山流出岩浆似的流进他的口袋里时，他变得贪婪、冷酷。深受其害的宾夕法尼亚洲油田地方的居民对他深恶痛绝。有的受害者做出他的木偶像，亲手将"他"处以绞指之刑，或乱针扎"死"。无数充满憎恶和诅咒的威胁信涌进他的办公室。连他的兄弟也十分讨厌他，而特意将儿子的遗骨从洛克菲勒家族的墓地迁到其他地方，他说："在洛克菲勒支配下的土地内，我的儿子变得像个木乃伊。"由于洛克菲勒为金钱操劳过度，身体变得极度糟糕。医师们终于向他宣告一个可怕的事实，以他身体的现状，他只能活到 50 多岁；并建议他必须改变拼命赚钱的生活状态，他必须在金钱、烦恼、生命三者中选择其一。这时，离死不远的他才开始省悟到是贪婪的魔鬼控制了他的身心，他听从了医师的劝告，退休回家，开始学打高尔夫球，上剧院去看喜剧，还常常跟邻居闲聊。

经过一段时间的反省，他开始考虑如何将庞大的财富捐给别人。于是，他在 1901 年，设立了"洛克菲勒医药研究所"；1903 年，成立了"教育普及会"；1913 年，设立了"洛克菲勒基金会"；1918 年，成立了"洛克菲勒夫人纪念基金会"。他后半生不再做钱财的奴隶，而是喜爱滑冰、骑自行车与打高尔夫球。到了 90 岁，依旧身心健康，耳聪目明，日子过得很愉快。他逝世于 1937 年，享年 98 岁。他死时，只剩下一张标准石油公司的股票，因为那是第一号，其他的产业都在生前捐掉或分赠给继承者了。

对待金钱必须要拿得起放得下。赚钱是为了活着，但活着绝不仅仅是为了赚钱。如果人活着只把追逐金钱作为人生唯一的目标和宗旨的话，那么，人将是一种可怜的动物，将会被自己所制造出来的这种工具捆绑起来，被生活所遗弃。

有些人谈到富有，单纯指的就是拥有钱财。实际上，金钱本身并不代表富有，唯有具备与金钱价值相等的东西才是真正的财富。人之所以工作，是为了在人生的各个领域中，生活得更有意义，并充分发挥自己的潜能，使得人人生活得更为美好。我们必须领悟：财富是无所不在的。金钱、土地、股票、债券是财富，但是水、空气、太阳、山、海、树木、花草、爱与帮助也是财富。凡是大自然所赋予人类的一切均为财富，只有充分享受这些恩惠，才能算得上是一个内心充盈的人、一个最富有的人。

金钱的生命在于运动

在生活中，很多人都喜欢将辛辛苦苦挣得的钱存进银行。的确，财富的积累需要储蓄，但如果只是储蓄，却不进行投资，那么钱就会成为死钱，这样你虽然不会为没钱而忧虑，但你也永远不会成为富翁。钱就像水一样，只有流动起来，才能创造出更多的价值。

人的生命同样在于运动，财富的生命也在于运动。作为金钱，可以是静止的，而资金必须是运动的，这是市场经济的一般规律。资金在市场经济的舞台上害怕孤独、不甘寂寞，需要明快的节奏和丰富多彩的生活。把赚到的钱存在银行，让它静置起来，远不如进行合理的投资利用更有价值、更有意义。

犹太人的金钱法则就是：钱是在流动中赚出来的，而不是靠克扣自己攒下来的。他们崇尚的是"钱生钱"，而不是"人省钱"。有个犹太商人说："很多人如果让钱流通起来，就会觉得生活失去了保障。因此，男人每天为了衣、食、住在外面辛苦工作，女人则每天计算如何尽量克扣生活费存入银行，人的一生就这样过去了，还有什么意思呢？而且，当存折上的钱越来越多的时候，人们会在心理上觉得相当有保障，这就养成了依赖性而失去了冒险奋斗的精神。这样，岂不是把有用的钱全部束之高阁，使自己赚钱的机会溜走了吗？"

一位理财学者曾这样说过："认为储蓄是生活上的安定保障，储蓄的钱越多，则在心理上的安全保障的程度就越高，如此累积下去，就永远不会得到满足。再说，哪有省吃俭用一辈子，在银行存了一生的钱，光靠利滚利而成为世界上有名的富翁的？"

不少人认为钱存在银行里能赚取利息，能享受到复利，这样就算是对金钱有了妥善的安排，是很好的理财方式。事实上，利息在通货膨胀的侵蚀下，实质报酬率接近于零，等于没有理财。

每一个人最后能拥有多少财富，是难以预料的事情，唯一可以肯定的是，将钱存在银行只能保证生活安定，而想致富，则比登天还难。将自己所有的钱都存在银行的人，到了老年时不但不能致富，常常连财务自主的水平都无法达到，这种事例在现实生活中并不少见。选择以银行存款作为理财方式的人，无非是想让自己有一个很好的保障，但事实上，把钱长期存在银行里是最危险的理财方式。

通常，人们对于有人之所以能够致富，较正面的看法是将其归于别人比自己努力或者他们克勤克俭，较负面的想法是将其归于运气好或者从事不正当或违法的行业。但人们万万没想到，真正造成他们无法致富的，是他们的理财习惯。因为人与人的理财方式不同，有的人的财产多是存放在银行里，有的人的财产多是以房地产、股票的形式存放。

一位成功的企业家曾对资金进行了生动的比喻："资金对于企业如同血液与人体，血液循环欠佳导致人体机理失调，资金运转不灵造成经营不善。如何保持充分的资金并灵活运用，是经营者不能不注意的事。"这话既显示出这位企业家的高财商，又说明了资金运动加速创富的深刻道理。

其实，经营者最初不管赚到多少钱，都应该明白俗话所讲的"家有资财万贯，不如经商开店""死水怕用勺子舀"道理。生活中人们都有这样的感觉，钱再多也不够花。为什么？因为"坐吃山空"。试想，一个雪球，放在雪地上不动，它永远也不可能变大；相反，如果把它滚起来，就会越来越大。钱财亦是如此，只有让它流通起来才能赚取更多的利润。

著名的石油大王洛克菲勒从小便懂得以钱生钱的道理。

洛克菲勒的父亲从他四五岁的时候就让他帮助妈妈提水、拿咖啡杯，然后给他一些零花钱。他们还把各种劳动都标上了价格：打扫 10 平方米的室内卫生可以得到半美分，打扫 10 平方米的室外卫生可以得到 1 美分，为父母做早餐可得到 12 美分。

他还到父亲的农场帮父亲干活，帮父亲给一头奶牛挤奶、跑运输，包括拿牛奶桶，都算好账。

但这样辛苦挣得的钱，洛克菲勒并不是将它们小心地储蓄起来。他把自己劳动所得的 50 美元贷给了附近的农民，说好利息和归还的日期之后，到了时间，他就毫不含糊地收回 53～75 美元的本息。这令当地的农民觉得不可思议：这样一个小孩居然有这么强烈的商业意识。

要想拥有金钱，不但要学会储蓄理财，同时还要学会以钱生钱。在学会"节流"的同时，更重要的是学会"开源"，让资金流动起来。

从经济学的角度看，资金的生命就在于运动。资金只有在进行商品交换时才产生价值，只有在周转中才产生价值。失去了周转，不但不可能增值，而且还失去了存在的价值。如果把资金作为资本，合理地加以利用，就能赚取更多的钱。

当然，从事经营，风险是时刻存在的。古人讲："祸兮福所倚，福兮祸所伏。"赢利是与风险并存的。在金钱的滚动中，在资本的运动中，发挥你的才智，开启你的财商，你就有可能成为新的富豪。

虚荣浮华，幸福却在减少

四月的洛阳城，开满了雍容华贵的牡丹，四面八方的人们纷至沓来，只可惜，花开花落，终究摆脱不了一岁枯荣的命运。人们的虚荣正如那一时的争艳，忘我的享受着众人的目光，过后将是无尽的冷遇。

花开到荼靡，就会影响之后果实的生长，甚至成为无果之花。虚荣岂不同样如此？在花开之后却没有果实作为回报。还记得中学语文课本中的那篇《项链》吗？马蒂尔德为了在舞会上让自我的虚荣心得到满足，于是向富贵的朋友借了一条"价值不菲"的项链作为装饰。她成功了，在舞会上她成为全场的焦点，大放异彩。然而大喜之后的大悲却让她始料未及，项链在舞会结束之后丢失了。马蒂尔德用尽了余生的精力，只是为了偿还朋友的这条项链。谁知命运弄人，原来这条"价值不菲"

的项链居然是假的。在弄清事实之后，马蒂尔德也已年老沧桑。

　　莫泊桑用他那短小精悍的文章告诫人们虚荣心的可怕，它就像蛀虫一样侵蚀着人们的身心。很多年轻貌美的女性，让自己的青春败落在鲜亮的衣着之中。她们没有身心的修养，没有文化的充实，没有灵魂的洗涤……有的只是光鲜亮丽的外表。这样的女性在容颜渐失之后又有什么收获呢？虚荣带给自己一时的光彩，却让自我丧失了一世的聪慧。

　　在一个由鸟儿建立起的王国里，每只小鸟都认为自己比其他鸟儿漂亮，它们也常常因此而争吵不休。一天，上帝由于受不了这样的吵闹，于是就宣布："我要在你们中间选出一只最美丽的作为鸟王！在此之后不得有任何一只鸟儿再为美丽而喋喋不休！"

　　小鸟们为了争夺王冠而修整着自己的羽毛，直到打扮得十分漂亮为止。这时候，在河边徘徊的乌鸦也想要坐上鸟王的宝座。于是它捡起了其他鸟儿落下的羽毛，插在了自己身上。等到美丽的羽毛插满了全身之后，乌鸦探着头往河里一看："天哪！我居然也变成一只美丽的小鸟啦！"

　　选举的日子终于来临。在诸种鸟儿之中，乌鸦显得格外引人注目。上帝问乌鸦："你是什么鸟类啊？竟然如此漂亮，我决定封你为王。"乌鸦听到这句话后兴奋不已。然而，就在这个时候，鸟们发出了异议。一只鸟发现乌鸦的身上插着自己的羽毛，于是就上前将其拔下。之后又有其他的鸟儿接连地从乌鸦身上拔下了自己的羽毛。到最后，乌鸦全身又是一片漆黑。乌鸦羞愧无比，匆忙地躲进树丛中去了。

　　本来想要炫耀自我，结果却失了身份。乌鸦在无趣之中现了原形，最终成了整个鸟王国的笑柄。就像乌鸦身上的彩色羽毛一样，虚荣一旦被暴露，丢失的不仅是外表，而且是自我的尊严。莎士比亚说："爱好虚荣的人，用一件富丽的外衣遮掩着一件丑陋的内衣。"这不正是乌鸦的所作所为吗？

与其为了虚荣而注重于外表的修饰，还不如潜下心来充实自己的心灵。伟大的寓言家伊索就说过："向往虚构的利益，往往会丧失现在的幸福。"在期望不可能的尽善尽美的同时，人们反而会失去本可得到的美好的东西。花开是美丽的，但是过于盛艳很可能就会一无所有。生活中的我们当然也不能为了博得他人一时的赞美而丢失了精神中最可贵的真挚，不能让虚荣占了上风。

把赚钱当做乐趣，而不是负担

我们要赚钱，要理财，要掌控金钱，这都是因为金钱能让我们生活得更好。我们不是为了赚钱而赚钱。再多的金钱也仅仅是手段，把日子过好才是我们的目的。

星云大师曾经说过一句话："有钱是福报，会用钱才是智慧。"很多人想要财富，为此不惜使自己成为了赚钱的工具。很多人拥有财富，却不知道如何将这份福报转化为能滋润到自己和他人的甘霖。

每个人都希望拥有自己的房子，但如果不能和至爱的人住在一起，别墅也就没有了家的感觉；每个人都希望拥有自己的田产，但若不在其中播撒种子，一块荒地也就失去了存在的意义；每个人都希望能拥有巨额的财富，但如果只是紧紧握在手中而不使用，一张永远不能支取的存折的价值又在哪里呢？

从前，有一对兄弟，他们自幼失去了父母，相依为命。他们俩终日以打柴为生，生活十分艰苦。即便如此，兄弟俩也从来没有抱怨过，他们起早贪黑，一天到晚忙得不亦乐乎。而且，哥哥照顾弟弟，弟弟心疼哥哥，生活虽然艰苦，但过得还算舒心。

上帝得知了他们兄弟俩的情况，为他们的亲情所感动，决定下界去帮他们。清晨时分，上帝来到兄弟俩的梦中，对他们说："远方有一座太阳山，山上撒满了金光灿灿的金子，你们可以前去拾取。不过路途非常艰险，你们可要小心！并且太阳山温度很高，你们一定要在太阳出来之前下山，否则，就会被烧死在上边。"说完，菩萨就不见了。

兄弟俩从睡梦中醒来，非常兴奋。他们商量了一下，便启程去了太阳山。一路上，他们不但遇到了毒蛇猛兽、豺狼虎豹，而且天空中狂风大作、电闪雷鸣。兄弟俩咬紧牙关，团结一致，最终战胜了各种艰难险阻，来到了太阳山。

兄弟俩一看，漫山遍野都是黄金，金灿灿的，照得人睁不开眼。弟弟一脸的兴奋，望着这些黄金不住地笑，而哥哥只是淡淡地笑。

哥哥从山上捡了一块黄金，装在口袋里，下山去了。弟弟捡了一块又一块，就是不肯罢手。不一会儿整个袋子都装满了，弟弟还是不肯住手。此时，太阳快出来了，可是弟弟仍在不停地捡。

一会儿，太阳真的出来了，山上的温度也在渐渐升高。这时，弟弟才慌了神，急忙背着黄金往回跑，无奈金子太重，压得他根本跑不快。太阳越升越高，弟弟终于倒了下去，被烧死在太阳山上。

哥哥回家后，用捡到的那块金子当本钱，做起了生意，并且时常资助身边需要帮助的人。后来哥哥成了远近闻名的大富翁和慈善家，可弟弟永远留在了太阳山。

这个故事中，弟弟因贪得无厌而命丧黄泉，哥哥却因"不贪"享受到了财富带来的福报。

金钱是人们满足自身物质需求的重要手段，常人对金钱的渴望就如同对物质享受的贪恋。人人都想"拥有"，这无可厚非，但问题在于多数人的欲望没有止境，填饱了肚子，又求珍馐；娶了娇妻，又想美妾；有了房舍，又求豪宅；谋得一职，又求升官；得到千钱，又求万金……宝贵的一生就在这无止境的追求中，苦恼地度过了。

我们要过好日子，就要冷静地面对金钱，控制对金钱的欲望，在你人生的各个阶段，制订好你的用钱计划是非常必要的和重要的，另外还要进行投资，用钱来赚钱。等你的财富积累到一定程度后，你的资产将会为你带来源源不断的财富。此时，你可以得意地说："我是金钱的'总司令'。"既然是金钱的主人，那就理所当然地让金钱为你工作，你也可以做许多有益于大众、有益于社会的事。

把钱花在最需要的地方

居家过日子，同样的钱，会买和不会买相差很多。这里就存在一个如何花钱的问题，你希望你的资金得到最大限度的利用吗？只有在恰当的时间买到适合自己的物品才能算是钱花对了地方。只有学会花钱，把钱花在最需要的地方，你就会发现情况会大有不同。

要想做到把钱花在刀刃上，那么对家中需添置的物品做到心中有数，经常留意报纸的广告信息。比如：哪些商场开业酬宾，哪些商场歇业清仓，哪里在举办商品特卖会，哪些商家在搞让利、打折或促销等活动。掌握了这些商品信息，再有的放矢，会比平时购买实惠得多，如果你没有事先准备，想想你口袋中的钱，还能办那么多的事吗？

要培养节俭的习惯，但同时也要注意绕开节俭的沼泽地。

"没有投资就没有回报""小处节省，大处浪费"，还有许多家喻户晓的谚语都反映了错误的节约不仅无益反而有害的常识。

有些女人浪费了大量的时间，用错误的方法来节省不该节省的东西。曾经有个鲜花店的女老板制定了这样一条规矩，要她的员工不顾一切地节省包装绳，即使要耗费大量的时间也在所不惜。她还要求尽量省电，而昏暗的店面让许多顾客望而止步。她不知道明亮的灯光其实是最好的广告。

女人，不能以心智的发展和能力的提高为代价来拼命节约，因为这些都是你事业成功的资本和达到目标的动力，所以不要因此扼杀了你的创造力和"生产力"。要想方设法提高你的能力和水平，这将帮助你最大限度地挖掘你的潜力，使你身体健康，感受到无比的快乐。

把钱花在最需要的地方，试一试，结果会不一样。

一个女人能否拿得出 100～150 块钱参加一次宴会，这本身并不是什么问题，她可能为此花掉了 150 块钱，但她也许通过与成就卓著的客人结交，获得了相当于 1 万块钱的鼓舞和灵感。那样的场合常常对一个追求财富的人有巨大的刺激作用，因为她可以结交到各种博学多才、经验丰富的人。在自己力所能及的情况下，对任何有助于增进知识、开阔视野的事情进行投资都是明智的消费。

如果一个女人要追求最大的成功、最完美的气质和最圆满的人生，那么她就会把这种消费当做一种最恰当的投资，她就不会为错误的节约观所困惑，也不会为错误的"奢侈观念"所束缚。

英国著名文学家罗斯金说："通常人们认为，'节俭'这两个字的含义应该是'省钱的方法'。其实不对，节俭应该解释为'用钱的方法'。也就是说，我们应该怎样去购置必要的家具，怎样把钱花在最恰当的用途上，怎样安排在衣、食、住、行，以及教育和娱乐等方面的花费。总而言之，我们应该把钱用得最为恰当、最为有效，这才是真正的节俭。"

用平和的心态发掘你的第一桶金

第一桶金是一个人将来迈向辉煌人生的奠基石，只有先掘得人生的第一桶金，才能施展你更大的抱负，才能走向人生更大的成功。因为任何一个成功者的第一桶金，都浸透着他的智慧与血汗。有了第一桶金，第二桶、第三桶就会源源不断地来了，并不是因为有了资本，而是因为找到了赚钱的方法。这时候的你，哪怕这第一桶金全部失去了，也有十足的信心与能力重新找回。曾经有这样一则故事：

吕洞宾看见一个乞丐可怜，就在路边捡了一块石头，用手指一点，那块石头就变成了金砖。他将这金砖递给乞丐，却遭到了乞丐的拒绝。吕洞宾奇怪地问乞丐："你为什么不要金砖？"乞丐的回答却是："我想要你那根点石成金的手指。"

第一桶金的意义就在于此，不仅赚了钱，更重要的是找到了赚钱的方法。

赚取第一桶金的过程，实际上就是将普通手指变为点石成金的金手指的过程。创业已经成功的人，他的经历和素质本身就是一笔财富，他可能会失败，导致负债累累，但只要心不死，可以肯定他会成功的。

李嘉诚17岁开始自己做生意，当时，有一家贸易公司订购了一批玩具运往国外。当货物已卸船付运，可以向对方收取货款的时候，忽然，贸易公司的负责人来电通知，外国买家因财政问题，无法收货，但贸易公司愿意赔偿损失。李嘉诚觉得，这批玩具很有市场，不愁顾客，损失有限，就不用赔偿了。而且他也是考虑要留下一个空间，建立互信的关系，日后才会有更多的生意机会。

后来李嘉诚开始经营塑料花，也没有再把这件事放在心上。有一天，一位美国人突然找到他，说经某贸易公司的负责人推荐，认为长江厂是全香港最大规模的塑料花厂，这令他一时语塞，因为当时他的厂房并不太大。后来他才知道，从前那间贸易公司的负责人认识这位美国人，并告诉他李嘉诚是完全值得信任的生意伙伴，还说了不少好话。

这位外商希望大量订货。但是为确保李嘉诚是否有供货能力，外商提出须有富裕的厂家担保。李嘉诚白手起家，没有背景，他跑了几天，磨破了嘴皮子，也没人愿意为他担保，无奈之下，李嘉诚只得对外商如实相告。

李嘉诚的诚实感动了对方，外商对他说："从你的坦白之言中可以看出，你是一位诚实的人。诚信乃做人之道，亦是经营之本，不需要其他厂商作保了，现在我们就签合约吧。"没想到李嘉诚却拒绝了对方的好意，他对外商说："先生，能受到如此信任，我不胜荣幸之至！可是，因为资金有限，一时无法完成您这么多的订货。所以，我还是很遗憾不能与你签约。"

李嘉诚这番实话实说使外商内心大受震动，他没想到，在"无商不奸，无奸不商"的说法为人们广泛接受时，竟然还有这样一位"出淤泥而不染"的诚实商人，于是，外商决定，即使冒再大的风险，他也要与这位具有罕见诚实品德的人合作一回。李嘉诚值得他破一次例，他对李嘉诚说："你是一位令人尊敬的可信赖之人。为此，我预付货款，以便为你扩大生产提供资金。"

这位美国人最后给出了 6 个月的订单，更成为长江塑胶厂的永久客户。他们所需的塑料花逐渐由长江厂全部供应，使得李嘉诚的塑料业务发展一日千里。正是因为李嘉诚的诚信之举，使得他掘到了平生的第一桶金。

赚取你的第一桶金很重要，它能为你以后事业的发展打下坚实的基础。

有背景、有资金、有个富爸爸自然能够解决"第一桶金"，这样的创业者是幸运的。而多数胸怀壮志、身无分文，凭着知识、智慧、毅力和信心去创业的创业者如何获得"第一桶金"就显得至关重要。

由于总想尽早挖到"第一桶金"，许多人往往是心浮气躁、怨天尤人，甚至为此而悲观失望，碰上不愿慷慨投资的有钱人更是怨气冲天。其实大多数人的金钱都是来之不易的，所以越有钱的人就越知道赚钱的艰难。创业者应该更多地去挖掘、设计如何自力更生的方法，获取创业所需要的"第一桶金"。

创业是一个长期的艰苦过程，不可能在很短的时间内就创造一个神话。但是，挖掘"第一桶金"越是艰难，后来创业便越容易成功。

年轻人有的是热情、书本知识，缺少的是经验、金钱。而金钱恰恰是创业所必需的，所谓初次创业成功，就是掘到第一桶金。有了这第一桶金，加之掘金过程中积累的经验，你的创业之路便开始步入正轨了。那么如何得到这宝贵的第一桶金呢？有各种各样的方法，如凭长辈赐予、偶然所得（比如中彩票）。也有一位成功人士说过："创业者的第一桶金往往不是那么干净。只要在法律许可的范围内，找点其他门路也未尝不可。"常言道："窍门到处有，看你瞅不瞅。精诚所至，金石为开。"

第三章
在诱惑中坚守，在寂寞中坚持

不要迷失自己

人生最重要的就是做自己。然而生活中，有很多人却在忙碌中迷失了自己，他们不断地效仿成功者的方法和模式，但往往是照猫画虎，忘记了真实的自己，忽视了自己的优势。

而聪明人从来不去询问别人，他们只做自己想做的事，做自己该做的事。当愚者为没有遵循成功者的准则而叹息时，聪明人却在轻松坦荡地依照自己的原则生活，这个原则就是："我首先是我自己，然后才向别人学习。"想要成为一个聪明的人，就要敢于做自己。

意大利著名电影演员索菲亚·罗兰，曾经为了实现自己的演员梦，16 岁时就到罗马寻求发展。刚开始，她就听到许多不利于自己在演艺界发展的议论。有的说，她个子太高，臀部太宽，有的说，她鼻子太长，嘴太大，下巴太小……种种议论都表明了一个事实，那就是：她的形象根本不适合做一个电影演员。然而，索非娅不在意这些，她依然坚持自己的人生追求。

不过，幸运的是制片商卡洛看中了她，带她去试了许多次镜头。但摄影师们也都抱怨无法把她拍得美艳动人，因为她的鼻子太长，臀部太"发达"了。于是，卡洛对索菲亚·罗兰说："如果你真想干这一行，就得把鼻子和臀部'动一动'，做一次整容手术。"

索菲亚·罗兰是个有自己主见、不愿意随波逐流的人，她断然拒绝了卡洛的要求。她决心不靠自己的外表而靠内在的气质和精湛的演技来取胜，并理直气壮地说："我为什么非要长得和别人一样呢？我知道，鼻子是脸庞的中心，它赋予脸庞以个性，我就喜欢我的鼻子，必须保持它的原状。至于我的臀部，那也是我的一部分，我只想保持我现在的样子。"

索菲亚·罗兰没有因为别人的议论而停下自己奋斗的脚步，她将压力化成了动力。1961年，索菲亚·罗兰获得了奥斯卡最佳女演员奖，她成了世界著名影星。

随着索菲亚·罗兰事业上的不断成功，那些有关她"鼻子长，嘴巴大，臀部宽……"的议论都销声匿迹了。在20世纪末，耄耋之年的索菲娅·罗兰被评为本世纪"最美丽的女性"之一。

索菲亚·罗兰把自己的成就归功于她坚持做自己："我谁也不模仿。我不去奴隶似的跟着时尚走。我只要做我自己。""当你把自己独有的一面展示给别人的时候，魅力也就随之而来了。"

索菲亚·罗兰的成功正是因为她敢于做自己，面对别人的嘲弄和各方面的压力，她并没有听从别人的意见而抱怨自己的长相，相反她决心依靠演技来征服观众，经过不懈的努力，她终于成功了。

聪明人就是敢于做自己、坚持做自己的人。每一个人都是一个独特的个体，个人魅力和气质是自己最大的优势，是别人所难以模仿的。我们每一个人都是这个世界上的唯一，谁都无法代替。人只要坚持做自己，走自己的路，做自己想做的事，坚持下去，就能获得属于自己的成功。因为只有敢于活出自我本色的人，才能真正成为生命的主角，成为自己命运的主宰。整天随波逐流、人云亦云的人是很难有杰出成就的。古语说得好："刻鹄不成尚类鹜，画虎不成反类犬。"

每一个人都要敢于选择做真实的自己，放弃抱怨，放弃在意别人的言论，走自己的路。这条路，也许热闹，也许冷清，也许寂寞，也许快乐。走在路上，需要的不仅是不败的意志，更需要有不屈的勇气。我们一定要懂得经营自己的人生，把自己的人生打拼得有声有色，活出自己真实的风采。

永远笑对生活

人在什么时候最有魅力？就是在微笑的时候。

微笑是一种富有感染力的表情，它证明一个人内心不带虚伪的自然喜悦，这种好的情绪马上会影响到周围的人，给他人留下一个良好的第一印象。

现实生活中，许多人都意识到了服饰仪容对自己社交、办事的重要性，所以，出门前我们总是要对着镜子特意整理一番，看头发是否凌乱、领带是否平整、化妆是否恰到好处，唯恐因衣着和妆饰的不雅而被人轻视。然而，我们也不能忽略另一种重要的魅力，那就是微笑，因为微笑是一个人最好的化妆品。

说到这里，我们就不能不提到以微笑服务冠名于全球的希尔顿旅馆。

希尔顿于1887年生于美国新墨西哥州，他的父亲去世的时候，只给年轻的希尔顿留下2000美元的遗产。加上自己的3000美元，希尔顿只身去了得克萨斯州，买下了他的第一家旅馆。

当旅馆资产增加到5100万美元的时候，他欣喜而自豪地告诉了他的母亲。但是，母亲却淡然地说："依我看，你和从前根本没有什么两样，事实上你必须把握比5100万美元更值钱的东西。除了对顾客诚实之外，还要想办法使每一个住进希尔顿旅馆的人住过了还想再来住，你要想一种简单、容易、不花本钱而行之有效的办法去吸引顾客，这样你的旅馆才有发展前途。"

希尔顿听后，苦苦思量母亲严肃的忠告：究竟什么"法宝"才能具备母亲所指示的"一要简单，二要容易做，三要不花本钱，四要行之可久"呢？终于希尔顿想出来了——这个法宝就是微笑。只有微笑具备这四大条件，也只有微笑能发挥如此大的效力！于是希尔顿要求员工无论如何辛劳都必须对旅客保持微笑。他确信：微笑将有助于希尔顿旅馆世界性的发展。

希尔顿开会时经常这样对自己的员工说："缺少微笑，就好比花园里失去了春天的太阳和春风。如果我是顾客，我宁愿住进那虽然只有残旧地毯，却处处见到微笑的旅馆，而不愿走进只有一流设备而不见微笑的地方……"

现在，希尔顿旅馆已经吞并了号称为"旅馆大王"的纽约华尔道夫的奥斯托利亚旅馆，买下了号称为"旅馆之后"的纽约普拉萨旅馆。与此同时，他的名言："你今天对客人微笑了吗？"也在世界各大旅馆流传开来。

微笑是希尔顿旅馆最宝贵的无形资产，也是它制胜的魅力所在。希尔顿的成功，就是从微笑服务开始的。中国古人说："人无笑脸莫开张。"希尔顿的成功为这句话作了十分精彩的佐证，再将这句话套用一下，那就是"为人处世要微笑"。

因为微笑是人类最好的表情，是一句世界通用语，是一把打开心扉的万能钥匙：教师对学生微笑，学生就会自信；护士对病人微笑，病人就会心情愉快；就连警察向犯错的的哥微笑，的哥也愿意挨罚。

其实，生活中最廉价也最为珍贵的礼物便是笑，因为它让我们的生活充满阳光，身心愉悦。

好心态要守住

拿破仑·希尔说："把你的心态放在你所想要的东西上，使你的心远离你所不想要的东西。对于有积极心态的人来说，每一种逆境都含有等量或者更大利益的种子，有时，那些似乎是逆境的东西，其实往往隐藏着良机。"微笑面对生命的一切，永远积极地生活，这才是每个人都应该拥有的人生态度。

1995 年，胡桂萍从武汉国棉三厂下岗了。要离开干了 15 年、留下自己青春年华的工厂，胡桂萍心中十分难过。过惯了平和稳定的生活，突然要面对这个陌生的社会，无助和忧虑感油然而起。胡桂萍不禁流下了辛酸的眼泪，但是她并没有因此一蹶不振，她相信依靠自己的双手能够为自己创造出美好的生活。为了生计，她曾经在街头摆地摊，到鄂州、成都等地租柜台、打工。几年下来，吃了很多苦，赚了很少钱。1999 年的一天早上，她上街买菜，看见一名擦鞋女，半小时擦了 5 双鞋，赚了 5 元钱。她心头一动：如果能在一个热闹的地方，开个专门擦鞋的小店，让顾客擦鞋的同时也能舒服地歇一下脚，还不用担心刮风下雨的天气，生意一定会不错。

1999 年 4 月 20 日，胡桂萍筹划的全国第一家室内擦鞋店在武汉成立了。胡桂萍在店门口摆了一个纸箱，把一张 5 毛钱的纸币贴在箱子上，由顾客自主投币，表明本店擦鞋只收 5 毛钱。她的诚意让人们对她很是信任，进店擦鞋的人逐渐多了起来。

胡桂萍很会把握顾客的需要。她看到有的顾客鞋坏了，想在店里修一修，有的想擦完鞋以后换双鞋垫。她由此发现擦鞋这个不起眼的行当潜伏着巨大的商机，根据顾客需求，她购置了修鞋设备和鞋油、鞋垫等配套用品，还推出皮衣皮包护理、足部按摩等系列服务项目，这些新项目都很受顾客欢迎，擦鞋店的生意一天比一天红火。如今在她的擦鞋公司，除擦鞋外，还生产、销售鞋油、鞋垫、耐磨贴、修脚器、干脚器等和脚有关的产品。2000 年 8 月，武汉翰皇一元擦鞋有限公司成立。现在，胡桂萍已在全国 50 多个城市，开了 1000 多家连锁店，她成为中国第一个开着轿车的擦鞋女皇。

就像面对失败一样，对于有坏心态的人来说，它是烈火冰窟，它是凛冽的北风，令自己望风而逃、一蹶不振；但对于有好心态的人来说，没有什么事办不到。常言说，否极泰来，绝处逢生，这正是在挫折与失败时磨炼自己的好机会。

守住好心态才能一生幸福，才能在生活中获得你所想要的一切。或许你不敢相信自己的心态价值无限，但你要知道，如果你能保持一个良好的心态，放弃不良的心态，你的世界就会完全改观。在我们的生活中，桑叶能变成丝绸；黏土能变成堡垒；树木能变成殿堂；生铁能变成飞机、大轮船，等等，如果桑叶、黏土、树木、钢铁经过人的改造，它们可以成百上千倍地提高身价，那么，你为什么不能让自己身价百倍呢？

人们在生命过程中，参与着一场场较量，计较着一次次输赢，但生命终结时还是两手空空地离开这个世界。宇宙无限，时间无限，而你的生命是有限的，输输赢赢，不过是尘世中张贴的虚华。得到与失去，放弃与拥有，不过是组成你人生的一幕又一幕。你要以一个良好的心态去看待、去面对输赢，才不会过喜或过悲，才不会为名誉所累。没有真正的输赢人生，你总能找到自己赢的一面，也总能找到自己输的一面。

每一个生命都有自己的尊严、价值和光泽，学会守住好心态，一定会有收获！

成功有时需要等待

在漫长的人生旅途中，总有一段除了等待以外再也没有办法可以通过的阶段。人的能力是有限的，总会碰到好多事情，自己没有能力解决而无可奈何，为了更好地生存和发展，在这个阶段，我们必须等待。人生没有过不去的坎，遇到不顺利的事情，如果无法改变，我们就需要暂时的等待。

蛹只有经过等待破茧，才能化为漂亮的蝴蝶。人生何尝不是如此呢？煎熬、磨炼、挫折、困难……这些都是成长的必然过程与代价。只有经过等待，才能体会到快乐的来之不易，才能体会战胜困难的喜悦，才能变得更加坚强，才能更好地领会人生的意义。

一条小河，此岸遍布荒草和荆棘，彼岸却繁花似锦，鸟鸣嘤嘤。此岸有几条毛毛虫，非常向往彼岸，它们抱怨它们的母亲为啥把它们降生在这种鬼地方。蝴蝶母亲说："你们知道吗，出生在这边比那边更安全。要想到彼岸，一定要等到长大，现在还不是时候。"毛毛虫们都不以为然，只有一只例外。

一天，一个男孩在小河里游泳，出于好奇，游到此岸。几条毛毛虫迫不及待地爬在男孩头上，想乘机到彼岸去。不想男孩返回时，在下水的瞬间，发现了头上的异样，三两下就弄死了那几条毛毛虫。

不久，彼岸又游过来几只鸭子，又有几条毛毛虫蠢蠢欲动，想借助鸭子到达对岸，尽管这种尝试异常危险。但它们还是瞅准机会，落在几只鸭子的身上。鸭子们起初并不知道。就在毛毛虫们暗自得意的时候，鸭子们发现了彼此身上的美味，接下来就是饱餐一顿。

尽管如此，剩下的毛毛虫对彼岸的向往并未消失。它们仍然在寻找机会。机会终于来了。一日，河里起了大风，风向竟是从此岸吹向彼岸。毛毛虫们纷纷爬上落叶。落叶顷刻就被风吹到河里，这正是它们想要的：以叶为舟，渡过河去。但不幸，风太大，那些树叶都被掀翻了，毛毛虫们都被淹死了。

那唯一听妈妈话的毛毛虫，慢慢长大，变成一只蝴蝶，飞过河，到达了美丽的彼岸。

确实，人生并非处处顺利平坦，不总是莺歌燕舞，反而常会伴随着几多不幸，几多烦恼。一旦遭遇不顺和困难，我们就需要慢慢等待，毕竟，胜利的喜悦和醇厚的美酒，都是需要时间的积淀才能享受的。

梅花斗艳，独立寒枝，是在等待春天；雨声潇潇，花木入梦，是在等待晨曦；江河咆哮，一泻千里，是在等待入海；鹰立如睡，虎行似病，是在等待出击。

所以，等待不是无所作为，而是为了有所作为，因此我们必须放弃等待中无所事事的埋怨，学会积极地等待，学会用等待驱散黑暗，用等待走出逆境，用等待迎接命运的每一次挑战。

等待，是静候时机的自然成熟，它不存在一丝的侥幸，更不需无所事事的埋怨，它只需要平心静气。有时候，有些事情，我们必须慢慢等待。

成为金钱的主人

古语说得好，君子爱财，取之有道，用之有度，这是一种对待金钱应该有的正确态度。生活在经济社会中，我们需要金钱，但是我们要做金钱的主人，不能被金钱所役使。金钱固然可以换取诸多物质享受，可不一定能换取真正的开心与幸福。

一个富翁忧心忡忡地来到教堂祈祷后，去请教牧师。

"我虽然有了金钱，但我感觉不到幸福，我甚至不知道应该用我的金钱做些什么？它能买来欢乐和幸福吗？"

牧师让他站在窗前，看外面的街道，富翁说："我看到来来往往的人群，感觉很好。"

牧师又把一面很大的镜子放在他面前，富翁说："我看到了自己，我很忧愁。"

牧师语重心长地对他说："是啊，窗户和镜子都是玻璃制作的，不同的是镜子上镀了一层水银。单纯的玻璃让你看到了别人，也看到了美丽的世界，没有什么阻拦你的视线，而镀上水银的玻璃只能让你看到自己，是金钱阻挡了你心灵的眼睛，你守着你的财富，就像守着一个封闭的世界。"

富翁听罢，顿悟。

从此以后，他总是尽可能多地去资助那些困难的人，而得到帮助的人则用无尽的感激和祝福报答他。由此，富翁也感到了从未有过的快乐和幸福。

富翁找回了属于自己的幸福，是因为他明白了金钱不等于幸福，有些东西是无法用金钱买来的。"金钱永远只能是金钱，而不是快乐，更不是幸福。"这是希尔的一句名言。

在当今物欲横流的社会中，金钱可以换取各种各样的物质快乐，没有金钱寸步难行，但金钱并不一定能买到所有的东西，比如幸福，因为幸福是每个人的内心感受，而金钱只能买到身外之物。

有一个大富翁，家有良田万顷，身边妻妾成群，可是日子过得并不开心。挨着他家高墙的外面，住着一户穷铁匠，夫妻俩整天有说有笑，日子过得很开心。一天，富翁的小老婆听见隔壁夫妻俩唱歌，便对富翁说："我们虽然有万贯家产，但是还不如穷铁匠开心！"富翁想了想笑着说："我能叫他们明天唱不出声来！"于是拿了两根金条，从墙头上扔过去。

打铁的夫妻俩第二天打扫院子时发现不明不白的两根金条，心里又高兴又紧张，为了这两根金条，他们连铁匠炉子上的活也丢下不干了。男的说："咱们用金条置些好田地。"女的说："不行！金条让人发现，别人会怀疑是我们偷来的。"男的说："你先把金条藏在坑洞里。"女的摇头说："藏在坑洞里会叫贼娃子偷去。"他俩商量来，讨论去，谁也想不出好办法。从此，夫妻俩吃饭不香，觉也睡不安稳，以往的快乐再也没有了。

打铁的夫妻俩原本过得虽清贫但还算是幸福，然而拥有了金条并没有使他们得到幸福，因为他们被金钱所累没有能真正成为金钱的主人。太在意金钱，反而变成了金钱的奴隶。

金钱够用则已，毅然拒绝诱惑，这才是智慧。否则，盲目地追求只能让自己背上沉重的包袱，累得喘不过气来。人的一生当中，享受生命比追求财富更重要。人要在有限的生命进程中尽量让自己活得富裕一些，但是不可不择手段地获取财富，承担风险的享受远不如心安理得的清贫日子安逸。

因此，放弃那些使我们的生命过分沉重的金钱欲望，更不要做金钱的奴隶，才能使金钱为我所用，为自己服务，我们才能真正成为金钱的主人。

卸下人生中不必要的负累

生命之舟需要轻载，太多的行李不仅使我们筋疲力尽，而且也会使生命之舟不堪负重，甚至有负载沉没的危险。然而，很多人却忽略了这一点，总是在寡情中悲伤，在失意中哀叹，使自己平白地添了许多心事。这样的人背着超负荷的行李上路，重担压弯了肩膀，使自己透不过气来，在人生的路上非但不能加快步伐，反而会越来越吃力。

只有卸下不必要的负累，轻装上阵，我们才能有更多的精力去体会生活中的美好。

有一个寡妇，为了抚养年幼的儿子，辛辛苦苦地教书赚钱。儿子长大成人后，又被送到美国留学。完成学业后，儿子在国外娶妻生子，建立了美满的家庭和辉煌的事业。

寡妇为此欣慰不已，打算退休后前往美国与儿子一家人团聚。于是，她在距离退休不到三个月的时候，赶紧给儿子写了一封信，说明了自己的想法。信寄出后，她一面等待儿子的回音，一面把产业、事务逐一处理。

不久，她接到儿子的回信。信一打开，有一张支票掉落下来，她捡起来一看，是一张 3 万美元的支票。她觉得很奇怪：儿子从来不寄钱给她，而且自己就要到美国去了，怎么还寄支票来？莫非是要给她买机票用的？她心中涌上一丝喜悦，赶紧去读信。只见信上写到："妈妈，我们经过讨论，还是决定不欢迎你来美国同住。如果你认为你对我有养育之恩，以市价计算，为 2 万多美元，现在我给你寄上一张 3 万美元的支票，希望你以后不要再写信打扰我们了。"

寡妇的一颗心由欣喜的巅峰，坠入了痛苦的谷底。自己辛辛苦苦地抚养儿子，就换来了如此的忘恩负义。她老泪纵横，只觉得一生守寡，到头来老年凄凉，如风中残烛，她难以接受这个事实。

她心情沉重，几乎难以自拔。一天下来，她就苍老了很多。望着红彤彤的夕阳，她忽然有所觉悟：自己一生劳碌，没有一天轻松地生活，而退休后，将无事一身轻，何不出去透透气？如此一想，她就振作起来，为自己规划了一趟环游世界之旅。

世界之旅非常愉快，于是她又寄了一封信给她的儿子："你要我别再写信给你，这封信就当做是以前所写信的补充好了。我用你寄来的支票规划了一次成功的世界之旅。感谢你让我懂得放宽自己的胸襟，让我看到天地之大，自然之美。"

我们经常听到老人因为子女不孝而痛苦不堪的故事，这些子女的行为的确令人发指，但是作为父母，如果看不开，必然心中怒不可遏，一旦怒气难消，必因怨恨攻心而生病，病倒后死去，这又有什么意义可言？反过来我们再看看故事中的这个老妇人，她是多么的明智，生命之舟已然负重，又何必和自己过不去，让它更加沉重，直至超载？

人生本来就是一个背负行李前去旅行的愉快而放松的过程，这就需要你在一个个驿站里卸去人生的旧行李，丢弃那些不必要的负累，这样人生才不至于太沉重和痛苦，这样才能真正地欣赏和享受自己的人生。

名不可简成，誉不可巧立

墨子在《修身》篇中说："名不可简成也，誉不可巧而立也。"意思是成就事业要能忍受孤独、潜心静气，才能深入"人迹罕至"的境地，汲取智慧的甘饴。如果过于浮躁，急功近利，就可能适得其反，劳而无功。

急于求成是许多人身上常见的败因，它就是造成人们做事目的与结果不一致的一个重要原因。《论语·子路》中有一句话："欲速则不达。"意思是说一味主观地求急图快，违背了客观规律，造成的后果只能是欲速则不达。一个人只有摆脱了速成心理，一步步地积极努力，步步为营，才能达成自己的目的。

邓亚萍小时候因为个子很矮，被省乒乓球队以"个子太矮，没有发展前途"为由退回，这让邓亚萍深受打击，但她没有认输，而是谨记爸爸的话："先天不足后天补，只要有特长和扎实的基本功，何愁不会脱颖而出！"从此，她开始了更加刻苦的训练。

当时，郑州市乒乓球队的条件十分艰苦，连一个固定的训练场地都没有。邓亚萍和她的队友们一开始在一间暂时不用的澡堂里练球，后来又转移到一个小学的礼堂，最后才搬到市体育场靶场二楼的训练房。夏天，训练房里的温度非常高，可队员们在里面一待就是一整天，挥汗如雨，连衣服都湿透了。冬天，室内十分寒冷，队员们的双手常常肿得像个面包，甚至开裂。

无论训练多么严格、条件多么艰苦，全队年纪最小、个头最矮的邓亚萍都咬牙坚持下来，甚至比别人做得更出色。训练房离邓亚萍的家不远，但她从不擅自回家，她那不服输的拼劲，让很多比她大的队员都自叹不如。正是在这里，邓亚萍练出了"快、怪、狠"的战术，那就是正手球快、反手球怪、攻球狠，这成了她以后最突出的打球风格。

功夫不负有心人，邓亚萍的努力得到了丰厚的回报。1988年，15岁的邓亚萍在国际、国内各项大赛上所向披靡，并夺得了第六届亚洲杯乒乓球比赛的女子单打冠军。进入国家队后，邓亚萍依然保持着勤奋、刻苦的精神。

平时，队里规定上午练到11点，她给自己延长到11点45分；下午训练到6点，她练到6点45分或7点45分；封闭训练时晚上规定练到9点，她练到11点。一筐200多个训练用球，邓亚萍一天要打 10 多筐，练一组球的脚步移动，相当于跑一次 400 米，邓亚萍的一堂训练课，相当于跑一次 1 万米，这还没算上数千次的挥拍动作。有人做过统计，邓亚萍平均每天加练 40 分钟，一年就比别人多练 40 天。

教练曾经做过统计，她一天要打 1 万多个球。邓亚萍每天练球，都要带两套衣服、鞋袜，湿了一套再换一套。她经常因为训练错过吃饭的时间，有时食堂会为她专设"晚灶"，但更多时候她只能用方便面对付一下。

一次次的南征北战，邓亚萍捧回了一枚枚金牌，并又一次次地把目光投向更高的目标。在 1992 年巴塞罗那奥运会和 1996 年的亚特兰大奥运会上，邓亚萍蝉联了乒乓球女子单打、双打的冠军。

1997 年，邓亚萍从她所深爱着的国家乒乓球队退役了。这时，她已经将自己的名字刻遍了世界大赛的金杯，为祖国争得了荣誉。虽然她的身高只有 1.5 米，但她却是乒坛的巨人。

一点一滴的积累，超人的付出，不服输的精神，使邓亚萍的球艺和战术不断升华，在身高上先天不足的她最终理所当然地站在了乒乓球运动的巅峰。

朱熹有一句十六字真言："宁详毋略，宁近毋远，宁下毋高，宁拙毋巧。"这告诉我们，凡事都要脚踏实地，顺应客观规律去完成，即使短暂的突击得到了瞬间的效果，但终究是不牢固的，是经不起岁月的洗礼和时间的考验的。

名不可简成，誉不可巧立。古今中外，概莫能外。门捷列夫的化学元素周期表的诞生，居里夫人发现镭元素，陈景润在哥德巴赫猜想中摘取的桂冠等，都是他们在寂寞、单调中，沉得住气，扎扎实实做学问，在反反复复的冷静思索和数次实践中获得的成就。

大道至简，知易行难。艰难困苦玉汝于成，急于求成是永远不会获得想要的结果的，只有脚踏实地才能获得最终的成功。

循序渐进才是做事的根本

急于求成、急功近利是人的本性，做事情老是求快，就会追求了速度，却忘记了质量。浮躁的人就有这样的缺点，他们希望成功，也渴望成功，但在如何获得成功的心态上，却显得比常人更为急躁。

很多人虽然充满梦想，但他们不懂得如何为自己规划人生，不懂得梦想只有在脚踏实地的工作中才能得以实现。因此，面对纷繁复杂的社会，他们往往会产生浮躁的情绪。在浮躁情绪的影响下，他们常常抱怨自己的"文韬武略"无从施展，抱怨没有善于识才的伯乐。

一个忙碌了半生的人，这样诉说自己的苦闷："我这一两年一直心神不定，老想出去闯荡一番，总觉得在我们那个破单位待着憋闷得慌。看着别人房子、车子、票子都有了，心里慌啊！以前也做过几笔买卖，都是赔多赚少；我去买彩票，一心想摸成个暴发户，可结果花几千元连个声响都没听着，就没有影了。后来又跳了几家单位，不是这个单位离家太远，就是那个单位专业不对口，再就是待遇不好，反正找个合适的工作太难啊！天天无头苍蝇一般，反正，我心里就是不踏实，闷得慌。"

生活中，就是常有这样的一些人，他们做事缺少恒心，见异思迁，急功近利，成天无所事事。面对急剧变化的社会，他们心神不宁，对前途毫无信心。浮躁是一种情绪，一种并不可取的生活态度。人浮躁了，会终日处在又忙又烦的应急状态中，脾气会暴躁，神经会紧绷，长久下来，会被生活的急流所挟裹。

有一个人得了很重的病，给他看病的医生对他说："你必须多吃人参，你的病才会好！"这个人听了医生的话，果然就去买了一只人参来吃，吃了一只就不吃了。

后来医生见到这个病人就问他："你的病好了吗？"病人说："你叫我吃人参，我吃了一只人参，就没有再吃了，可我的病怎么还没有好？"医生说："你吃了第一只人参，怎么不接着吃呢？难道吃一只人参就指望把病治好吗？"

故事中的病人不明白治病需要循序渐进、坚持治疗，而是寄希望于吃一只人参就能恢复健康。现实生活中，很多人也是因为不懂得坚持忍耐，只想着一蹴而就。这样的人，自然是无法触摸到成功的臂膀。

许多浮躁的人都曾经有过梦想，却始终壮志未酬，最后只剩下遗憾和牢骚，他们把这归因于缺少机会。实际上，生活和工作中到处充满着机会：学校中的每一堂课都是一个机会；每次考试都是生命中的一个机会；报纸中的每一篇文章都是一个机会；每个客户都是一个机会；每次训诫都是一个机会；每笔生意都是一个机会。这些机会带来教养、带来勇敢，培养品德，带来朋友。

脚踏实地的耕耘者在平凡的工作中创造了机会，抓住了机会，实现了自己的梦想；而不愿俯视手中工作，嫌其琐碎平凡的人，在焦虑的等待机会中，度过了并不愉快的一生。

不要舍近求远，机遇就在你身边

现实生活中，很多心浮气躁的人总喜欢放眼向远处望去，总认为远处的东西好，其实俯身向下看，最好的东西就在你的脚下。舍近求远就是忘记眼前，只看遥远不可及的地方，反而会把眼前的机遇错过，白费工夫。

不要以为机会随时都在等着你，我们多数人的毛病是，当机会朝我们冲奔而来时，我们兀自闭着眼睛，很少有人能够去主动追寻自己的机会，甚至在绊倒时，还不能抓住它。

在森林中，一只饥肠辘辘的狮子正在觅食，它看到一只熟睡中的野兔，正想把兔子吃掉时，却又看到了一只鹿从旁边经过，狮子想，鹿肉要比兔肉实惠多了，便丢下兔子去追捕鹿。但无奈，狮子因为太过饥饿，体力不支，没有追上鹿。

等它放弃，回到原地找兔子的时候，兔子也不见了，狮子难过地说："我真是活该，放着眼前的食物不吃，偏要去追鹿，结果这两样都没有得到。"

机会就摆在狮子的面前，它只要一张嘴就可以吃到美味的食物，可是它偏偏放弃，而去追捕难以得到的猎物。这个世界上，不是有很多像狮子这样的人吗？他们放弃眼前的事物，去追寻虚无缥缈的东西，最终等他们醒悟，回过头来的时候，曾经摆放在眼前的东西，也早已经不见了。

小张是一名外企职员，他兢兢业业，工作十分努力，业绩提升的很快，部门经理十分欣赏他，打算提拔他为部门副经理。可是小张自己却有自己的打算，他觉得在这家公司已经发展到了尽头，再待下去也没有多大意思了，便想着跳槽。

在有了跳槽这个念头后，小张对工作便没有以前上心了，隔三差五地请假去面试，工作还老出错。后来，经理看到他这样，便打消了提拔他的念头。

在得到了一家非常小的公司的应聘回复后，小张把辞职信放在了经理的面前。

经理看着小张，平静的从抽屉里拿出了一个文件，小张打开一看，大吃一惊，原来是经理推荐小张当副经理的文件。此时的小张后悔不迭。

因为浮躁，小张总想去外面寻找发展机会，却忽视了眼前的机会，导致机会白白溜走。现实生活中，太多的人终其一生千辛万苦地去寻找这个合适的机会，为了他们可以拥有光荣的时刻。然而眼前的机会他们却看不见。

因此，我们要沉住气，强化机遇意识，把握机遇、善待机遇，并学会创造机遇。

人生之路分阶段，到啥阶段唱啥歌

知名企业家李开复在自己的创业论坛中曾表示：成功很大程度要顺应现实，要在正确的时候做正确的事情。李开复的这番感言可谓是对时下很多年轻人最实在的忠告。

近年来，网络上充斥着八零后的"普遍焦虑"：最年长的一批九零后早已迈入而立之年，他们感叹自己前途渺茫，悲哀自己竟成了"房奴"、"卡奴"等新一代被剥削阶层，自嘲是"最不幸的一代"。他们从消费者转变为生产者，由聚光灯下的绝对主角转变为荧幕前的观众——身处这个人生阶段，压力自然倍感沉重。因而，八零后的不满是可以理解的，其言论也恰好印证了八零后的社会转型。

然而他们不应忘记，每一代人的人生轨迹，都是存在不同阶段的。如今的九零后，与他们的前辈乃至后辈一样，无论生于哪个时代，到了而立之年，都必须勇敢地扛起家庭与社会的重担，都必须走过这从懵懂到稳重、从依赖他人到自力更生的一段路。虽然世事变迁，眼下的具体矛盾与老一辈面对的矛盾已有很大不同，但面对人生的方法是不会改变的："阳光总在风雨后"，"不经历风雨，怎么见彩虹"——歌词如此浅白，却也恰恰是最为实在的真理。

有这样一则发人深省的小故事：

有一天，上帝心血来潮，漫步在自己创造的大地上。看着田野中的麦子长势喜人，他深感欣慰。这时，一位农夫来到他的脚边，恳求道："全能的主啊！我活了大半辈子，从未间断过向您祈祷，年复一年，我从未停止过祈愿：我只希望风调雨顺，没有雨雪风雹，也没有干旱与蝗灾。可是无论我如何做祷告，却始终不能顺遂心意。您为何不理睬我的祈祷呢？"上帝温和地对答："不错，的确是我创造了世界，但也是创造了风雨、旱涝，创造了蝗虫、鸟雀。我创造了包括你在内的万事万物，这并不是一个能事事如你所愿的世界。"

农夫听罢一言不发。突然，他匍匐到上帝的脚边，带着哭腔祈求道："仁慈的主啊，我只祈求一年的时间，可以吗？只要一年，没有狂风暴雨，没有烈日干旱，没有虫灾威胁……"上帝低头看着这个可怜人，摇了摇头，说："好吧，明年，不管别人如何，一定如你所愿。"

第二年，这位农夫看着自家麦穗越长越多，欣慰地感念上帝宅心仁厚，深察民情。然而到了收获的季节，他却发现，这些麦穗竟全是干瘪的空壳。农夫噙着眼泪望着天空："主啊，仁慈的主，全能的主，这是怎么一回事，您是不是搞错了什么？您明明答应过我……"上帝的声音在他耳边响起："我的确答应过你，我也没有搞错什么。真正的原因是，不经历自然考验的麦子只会是孱弱无能的。风雨、烈日，都是必要的，甚至虫灾也是必要的。你只看到了风雨带给麦子的生长威胁，却没有看到它们唤醒了麦子内在灵魂的事实。"

上帝的话是意味深长的，因为人的灵魂亦如麦穗的内在灵魂，是需要感召的。诚然，不少人希望自己永远被保护在温室里，天天衣食无忧，有人打点一切，时时风调雨顺、称心如意，恰似农夫田地里的那些麦穗。可是现实不可能是这样，也不应该是这样：在人生每一个重要阶段，唯有品尝生活的考验，人的精神才能得到磨砺，才能逐步成熟，否则人活在世上只是一副空空如也的躯壳。

人们常常把人生划分为少年、成年与老年：少年时代是艺术，天马行空，无拘无束，创作自己的梦想；成人之年是工程，步步为营，稳扎稳打，建筑自己的事业；垂暮之年是历史，心怀万物，气定神闲，翻阅自己的过往。可见，无论从哪个角度审视，人生都是有其发展轨道的，没有哪一个阶段可以回避，也没有哪一个阶段能够飞越。

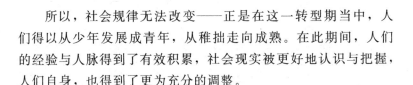

　　所以，社会规律无法改变——正是在这一转型期当中，人们得以从少年发展成青年，从稚拙走向成熟。在此期间，人们的经验与人脉得到了有效积累，社会现实被更好地认识与把握，人们自身，也得到了更为充分的调整。

　　因此，无论是哪个年代的人，无论处于人生的哪个阶段，人所经历的一切都是生命中不可或缺的组成部分。对于它们，我们应当勇敢正视，我们应当积极体验，不能急功近利，而是应该到什么山唱什么歌，到什么阶段就要有什么追求：年轻的时候，要用自己那股单纯与执着的力量，努力学习、奋发进取、不断拼搏；到了成年，要以老练成熟的眼光看待一切，要着力开发自己潜在的发展空间、拓展自己的事业；到了老年，要懂得返璞归真，要注重个人修养，以一颗平和、安逸、祥和的心看待世间万物。

　　朋友们，不管你是转型期的八零后中的一员，还是才华横溢的少年、历练丰富的中年，请不要抱怨人生的低谷，也不要做一蹴而就的美梦，应换一种角度，静下心来，思考人生阶段的必要性，坦然接受当下的挑战，稳扎稳打，在正确的时间做正确的事。唯有这样，我们才能从容面对当下的得失与成败。

第四章
舍弃眼前的诱惑，才有最后的辉煌

功名利禄过眼忘，荣辱毁誉不上心

俗话说："天下熙熙，皆为利来；天下攘攘，皆为利往。"贪腐者们追求的那些东西其实不外乎身体的安适、丰盛的食品、漂亮的服饰、绚丽的色彩和动听的乐声，这些到头来终究是一场空而已。

有位信徒对默仙禅师说："我的妻子贪婪而且吝啬，对于做好事情行善，连一点儿钱财也不舍得，你能慈悲到我家里来，向我太太开示，行些善事吗？"

默仙禅师是个痛快人，听完信徒的话，非常爽快地就答应下来。

当默仙禅师到达那位信徒的家里时，信徒的妻子出来迎接，可是却连一杯水都舍不得端出来给禅师喝。于是，禅师握着一个拳头说："夫人，你看我的手天天都是这样，你觉得怎么样呢？"

信徒的夫人说："如果手天天这个样子，这是有毛病，畸形啊！"

默仙禅师说："对，这样子是畸形。"

接着，默仙禅师把手伸展开成了一个手掌，并问："假如天天这个样子呢？"

信徒夫人说："这样子也是畸形啊！"

默仙禅师趁机立即说："夫人，不错，这都是畸形，钱只能贪取，不知道布施，是畸形。钱只知道花用，不知道储蓄，也是畸形。钱要流通，要能进能出，要量入而出。"

　　握着拳头，你只能得到掌中的世界，伸开手掌，你能得到整个天空。握着拳头暗示过于吝啬，张开手掌则暗示过于慷慨，信徒的夫人在默仙禅师的开悟之下，对做人处事和经济观念，用财之道，豁然领悟了。

　　有的人过于贪财，有的人过分施舍，这都不是禅的应有之处。吝啬、贪婪的人应该知道喜舍结缘是发财顺利的原因，因为不播种就不会有收成。布施的人应该在不自苦不自恼的情形下去做善事，否则，就是很不纯粹的施舍了。

　　人降临世界的时候，手是合拢的，似乎在说："世界是我的。"他离开世界时手是张开的，仿佛在说："瞧，我什么都没有带走。"世间的道理大多都是相通的。

　　一个人是否追求名利，往往取决于一个人的荣辱观。有人以出身显赫作为自己的荣辱，公侯伯爵，讲究某某"世家"、某某"后裔"；有的人则以钱财多寡为标准，所谓"财大气粗""有钱能使鬼推磨""金钱是阳光，照到哪里哪里亮"，以及"死生无命，荣辱在钱""有啥别有病，没啥别没钱"等等，这些俗话正揭示了以家世和钱财划分荣辱的现状。

　　以家世、钱财来划分荣辱毁誉的人，尽管具体标准不同，但其着眼点、思想方法并无二致。他们都是从纯客观、外在的条件出发，并把这些看成是永恒不变的财富，而忽视了主观的、内在的、可变的因素，导致了极端、片面的形而上学错误，结果吃亏的是自己。持这种荣辱观的人，往往会拼命地追逐名利，最终导致这些身居要职的人总是铤而走险，走向贪污、腐败的道路。攫取这种不义之财，必然会遭受一定的报应。

　　一切功名利禄都不过是过眼烟云，得而失之、失而复得等情况都是经常发生的。要意识到一切都可能因时空转换而发生变化，就能够把功名利禄看淡、看轻、看开些，做到"荣辱毁誉不上心"。

远离名利的烈焰，让生命逍遥自由

古今中外，为了生命的自由、潇洒，不少智者都懂得与名利保持距离。

惠子在梁国做了宰相，庄子想去见见这位好友。有人急忙报告惠子："庄子前来，是想取代您的相位哩。"惠子很恐慌，想阻止庄子，派人在国中搜了三日三夜。不料庄子从容而来拜见他道："南方有只鸟，其名为凤凰，您可听说过？这凤凰展翅而起，从南海飞向北海，非梧桐不栖，非练实不食，非醴泉不饮。这时，有只猫头鹰正津津有味地吃着一只腐烂的老鼠，恰好凤凰从头顶飞过。猫头鹰急忙护住腐鼠，仰头视之道：'吓！'现在您也想用您的梁国来吓我吗？"惠子十分羞愧。

一天，庄子正在濮水垂钓。楚王委派的二位大夫前来聘请他："吾王久闻先生贤名，欲以国事相累。"庄子持竿不顾，淡然说道："我听说楚国有只神龟，被杀死时已三千岁了。楚王以竹箱珍藏之，覆之以锦缎，供奉在庙堂之上。请问二位大夫，此龟是宁愿死后留骨而贵，还是宁愿生时在泥水中潜行摇尾呢？"二位大夫道："自然愿活着在泥水中摇尾而行啦。"庄子说："二位大夫请回去吧！我也愿在泥水中摇尾而行。"

庄子不慕名利，不恋权势，为自由而活，可谓洞悉幸福真谛。

人活在世界上，无论贫穷富贵，穷达逆顺，都免不了与名利打交道。《清代皇帝秘史》记述乾隆皇帝下江南时，来到江苏镇江的金山寺，看到山脚下大江东去，百舸争流，不禁兴致大发，随口问一个老和尚："你在这里住了几十年，可知道每天来来往往多少船？""我只看到两艘船。一艘为名，一艘为利。"老和尚一语道破天机。

淡泊名利是一种境界，追逐名利是一种贪欲。放眼古今中外，真正淡泊名利的很少，追逐名利的很多。今天的社会是五彩斑斓的大千世界，充溢着各种各样炫人耳目的名利诱惑，要做到淡泊名利确实是一件不容易的事情。

旷世巨作《飘》的作者玛格丽特·米切尔说过："直到你失去了名誉以后，你才会知道这玩意儿有多累赘，才会知道真正的自由是什么。"盛名之下，是一颗活得很累的心，因为它只是在为别人而活。我们常羡慕那些名人的风光，可我们是否了解他们的苦衷？其实大家都一样，希望能活出自我，能活出自我的人生才更有意义。

世间有许多诱惑，如桂冠、金钱，但那都是身外之物，只有生命最美，快乐最贵。我们要想活得潇洒自在，要想过得幸福快乐，就必须做到：淡泊名利享受，割断权与利的联系。无官不去争，有官不去斗；位高不自傲。位低不自卑。欣然享受清新自在的美好时光，这样就会感受到生活的快乐和惬意。太看重权力地位，让一生的快乐都毁在争权夺利中，那就太不值得，也太愚蠢了。

当然，放弃荣誉并不是寻常人能做到的，它是经历磨难、挫折后的一种心灵上的感悟，一种精神上的升华。"宠辱不惊，去留无意"说起来容易，做起来却十分困难。红尘的多姿、世界的多彩令大家怦然心动，名利皆你我所欲，又怎能不忧不惧、不喜不悲呢？否则也不会有那么多的人穷尽一生追名逐利，更不会有那么多的人失意落魄、心灰意冷了。只有做到了"宠辱不惊，去留无意"，方能心态平和，恬然自得，方能达观进取，笑看人生。

自律方能有条不紊

有些人说创业伟大，因为能够领导别人。这其实是一种想当然的错误理解，伟大不是体现在领导别人上，而是体现在管理自己上。所谓管理自己其实就是自律，是人的一种重要的品质，同时也是一种最容易被人忽略的品质。

孔子说："躬自厚，而薄责于人，则远怨矣！""躬"就是反躬自问，"自厚"并不是对自己厚道，而是对自己要求严格。当别人做错事，责备别人时，不要像对自己那样严肃。只有严于律己、宽以待人，才能远离别人的怨恨。

自律是一个人的优良品质，一个人要想担负起责任，没有这种品质是不行的。一个人如果想很好地为自己的团队服务，也必须具备这样的品质。它之所以这样重要，是因为它是一个优秀人才必备的素质，同时也是任何人都希望具有的素质。

原通用电气董事长兼 CEO 杰克·韦尔奇认为，一名优秀的职员应该具备出色的自制能力，一个连自己都管理不了的人，是无法胜任任何职位的，当然，最终他也不会成为一名好职员。

一名初入歌坛的歌手，他满怀信心地把自制的录音带寄给某位知名制作人。然后，他就日夜守候在电话机旁等候回音。

第一天，他因为满怀期望，所以情绪极好，逢人就大谈抱负。第十七天，他因为不明情况，所以情绪起伏，胡乱骂人。第三十七天，他因为前程未卜，所以情绪低落，闷不吭声。第五十七天，他因为期望落空，所以情绪极坏，拿起电话就骂人。没想到电话正是那位知名制作人打来的。他为此毁了希望，断送了前程。

覆水难收，徒悔无益。我们在为这名歌手深深惋惜的同时，也更深刻地明白了无法克制自己情绪带来的危害。

对于自制自律的问题，诙谐作家杰克森·布朗曾经有过一个有趣的比喻："缺少了自我管理的才华，就好像穿上溜冰鞋的八爪鱼。眼看动作不断可是却搞不清楚到底是往前、往后，还是原地打转。"如果你有几分才华，自以为付出的努力也很多，却始终无法获得应有的成就，那么，你很可能缺少自我约束的能力。

曾经有一位立下了赫赫战功的美国上将，有一次他去参加一个朋友的孩子的洗礼，孩子的母亲请他说几句话，以作为孩子漫长人生征途中的准则。将军把自己历经苦难，以至最终荣获崇高地位的经历，归纳成一句极简短的话："教他懂得如何自制！"

　　生活中，大多数人很难在开始的时候就具备出色的自律能力。往往是经历了他律、协助性自我管理之后，才能实现真正意义上的自我管理。

　　自律能力在完善一个人的个性方面起着巨大的积极作用。"如果一个人没有自律能力，那他在工作上的敬业程度就会大打折扣。"一家大企业的人力资源经理举了这样一个例子："我们的上班时间是8∶30，有人8∶20就到了，有人8∶30到，也有人8∶40才到。在平时看不出这三类人有什么本质上的区别。但是在关键时刻，或许正是因为这迟到10分钟的习惯，误了大事。这其实就是每个人的自律能力不同导致的后果。

　　当你意识到自制自律的重要性，并在日常工作、生活中加以实施时，你会发现，无论你做什么事，都会得心应手，有条理可循。

拥有怎样的格局，就拥有怎样的成功

　　大千世界，芸芸众生，不同的人有着不同的命运。能够左右命运的因素很多，而一个人的格局，是其中最为重要的因素之一。

　　人生需要格局，拥有怎样的格局，就会拥有怎样的命运。很多大人物之所以能成功，是因为他们从自己还是小人物的时候就开始构筑人生的大格局。所谓大格局，就是拥有开放的心胸，可以容纳博大的理想，可以设立长远的目标，以发展的、战略的、全局的眼光看待问题。对一个人来说，格局有多大，人生就有多大。那些想成大业的人需要高瞻远瞩的视野和不计小嫌的胸怀，需要"活到老、学到老"的人生大格局。

古今中外，大凡成就伟业者，一开始都是从大处着眼，从内心出发，一步步构筑自己辉煌的人生大厦。霍英东先生就是其中一位。

中国香港著名爱国实业家、杰出的社会活动家——这是笼罩在霍英东先生头上的耀眼光环。透过这些光环，我们能清晰地看到一个有着人生大格局，生命大境界的大写的"人"字。

霍英东幼年时家境贫寒，7岁前他连鞋子都没穿过。他的第一份工作，是在渡轮上当加煤工……贫寒成了霍英东人生起步的第一课。后来，他靠着母亲的一点积蓄开了一家杂货店。朝鲜战争爆发后，他看准时机经营航运业，在商界崭露头角。1954年，他创办了立信建筑置业公司，靠"先出售后建筑"的竞争要诀，成为国际知名的中国香港房地产业巨头、亿万富翁。他的经营领域从百货店扩大到建筑、航运、房地产、旅馆、酒楼、石油。

霍英东叱咤商界半个世纪，他懂得如何经商，但更懂得如何做人："做人，关键是问心无愧，要有本心，不要做伤天害理的事。"成为巨富后，霍英东从未忘记回报社会："今天虽然事业薄有所成，也懂得财富是来自社会，也应该回报于社会。"他在内地投资，慷慨捐赠，却自谦为"一滴水"："我的捐款，就好比大海里的一滴水，作用是很小的，说不上是贡献，这只是我的一份心意！"只有拥有人生大格局的人，才能拥有这样博大的"一份心意"。

君子坦荡荡。霍英东上街，从不带保镖，他就像韩愈所说的"仰不愧天，俯不愧人，内不愧心"。他的内心，就是这般潇洒、坦荡、伟岸、超然。霍英东在晚年有一句话给人印象深刻："我敢说，我从来没有负过任何人！"这句话，他不假思索地脱口而出，一副满不在乎、轻描淡写的神情，既不带半点自傲与自负，也不显得那么气壮如牛。

是的，霍英东"从来没有负过任何人"，这是拥有人生大格局、生命大境界的人方能洒脱说出来的。

格局有多大，人生的天空就有多精彩。每一个想成功的人，都要拥有一个大格局，都要懂得掌控大局。如果把人生比做一盘棋，那么人生的结局就由这盘棋的格局决定。在人与人的对弈中，舍卒保车、飞象跳马……种种棋着就如人生中的每一次拼搏。相同的将士象，相同的车马炮，结局却因为下棋者的布局各异而大不相同，输赢的关键就在于我们能否把握住棋局。

要想赢得人生这盘棋局，就应当站在统筹全局的高度，有先予后取的度量，有运筹帷幄之中而决胜千里之外的沉稳气势。棋局决定着棋势的走向，我们掌握了大格局，也就掌控了大局势。沉住气规划人生的格局，对各种资源进行合理分配，才可能更容易获得人生的成功，理想和现实才会靠得更近。人生每一阶段的格局，就如人生中的每一个台阶，只有一步一步地认真走好，我们才能够到达人生之塔的顶端。

人，应该沉住气，为自己寻求一种更为开阔、更为大气的人生格局！扩大自己内心的格局，去构思更大、更美的蓝图，我们将会发现，在自己胸中，竟有如此浩瀚无垠的空间，竟可容下宇宙间永恒无尽的智慧。

舍弃眼前的诱惑，才有最后的辉煌

时代的进步所带来的是社会经济的飞速发展和物质生活的丰盈，形形色色的选择和诱惑也随之而来。从日常的柴米油盐酱醋茶到谋利发财的诀窍，这些事物愈来愈多地影响着人们的生存状态，就像鱼饵一样等待着人们上钩，考验着人们的内心。面对这些选择和诱惑，一部分人急于抓取眼前的一切，唯恐遗失任何有可能谋取财富的机会，也越来越习惯于贪大求全、不断索取，将眼前的利益当成了永久的成功。

　　谋求财富的过程就像是一场马拉松，我们不能只在意眼前的路程，而应该重视最后的终点。利益对人们的诱惑非常大，它能够使人感到愉悦和满足，也能够让人挣扎和痛苦，倘若只专注于眼前的既得利益、不做长远打算，得到的欢愉也仅仅是暂时的。用另一种说法来表述的话，就是"福兮祸之所伏"，眼前所得到的不一定就会是真正的成功，相反，这种成功会蒙蔽我们的双眼，使我们专注眼前、忽略长远，为将来的失败埋下了潜在的危险和隐患。忍得了一时才能快乐一世，这是人人都懂的简单道理，但是在面对诱惑的时候，人们往往无法参透它的内涵。无数的事例都表明，要学会抵制眼前的诱惑，才能够收获更多。

　　1846 年 10 月，在一个大风雪的天气里，一个 87 口人的家族被困在了前往加州的路上，恶劣的天气使他们的马车进退不得。

　　然而，他们被困在原地，一直努力坚持了一个多月。在这段风雪围困的时期，不断有人因为疾病和饥饿而死亡，人口减少了一半，如果不寻求一条出路的话，就只能遭受灭顶之灾。在这样无奈的绝境下，其中两个人决定出去寻求救援。他们很快就找到了一个村庄，并带回了一支救援的医疗队，剩下的人全部获救了。

　　既然能够得到救助的话，为什么他们不及早去寻求救援呢？答案很简单，他们只专注于马车上的东西，不愿意舍弃身边的财产。

　　在被围困的一个多月里，除了等待援助之外，他们也曾尝试带着马车和财物前进，想要将这些东西一起带走。但是，他们的计划却被恶劣的天气阻止了，大家只能够疲惫地任由风雪围困着，渐渐消耗尽所有的食物和供给，直到身边陆续有人死去。

虽然在某种层面上，这件事情是一起特例，但是，在人生中，经常会有人被困于类似的"关卡"里。他们不愿意放弃身边的财富和利益，或者为了谋求更高的社会地位、更丰厚的收入、更优渥的物质环境等各种诱惑，最终却囹圄在一种进退不得的境地，自己仍浑然不觉、无法自救，不断上演着相似的悲剧。

在短时期内，也许那些不愿舍弃眼前利益的人能够表现得非常出色，但是，他们面对诱惑的时候往往目光短浅，只考虑到现在、不做长远打算，因而，他们缺少一种掌控和规划未来的能力。在工作中，也往往会被眼前的高酬劳、高利益所诱惑，没有考虑过自身的长远规划，频繁跳槽。

而那些能够不被眼前的利益所诱惑、着眼于规划自身未来的人，更偏向于选择可以给自己提供发展平台的公司。对于一个有抱负有远见的人来说，设法提升自己能力是实现远大目标最重要的部分。

人生中往往充斥着形形色色的诱惑，这些都有可能使我们迷失自我、目光短浅，从而偏离人生的方向，落得失败的结局。只有舍弃眼前的诱惑、理性地看待它们，才会有最后的辉煌。

名前"不亢"，名后"不骄"

有大格局，就会有承受压力与享受荣誉的淡定。在功成名就之前，他们不会因为有压力与挫折的阻碍，就整天抱怨上天不公，而是默默地选择承受并对抗磨难。在功成名就之后，他们也不会因为成功的荣耀，而忘记了曾经的不容易，他们会选择无声享受成功。面对功名，不骄傲，这才是对成功的珍惜与尊重。

文学家王尔德说："人们把自己想得太伟大时，正足以显示本身的渺小。"一个人如果妄自尊大，一切皆以自我为中心，那么就很容易被烦恼重重包围；如果过于自负，无视所有人的不满，就很容易陷入一种莫名其妙的自我陶醉之中。这样的人不仅得不到功名利禄，也永远得不到人们对他的理解和尊重。

一只蝴蝶与一只苍蝇同时落在桌子上一本打开的书上，这是一本哲学书。蝴蝶指着打开的书说："看看吧，上面是这么写的：一只蝴蝶在大洋的另一边扇动翅膀，可能会引起美国气候的改变。看到没有，可以引起美国气候的改变，以前我不知道自己有这个能力，没想到我是这么的厉害。现在我还怕什么人类，我只消轻轻地扇动一下我的翅膀，哈哈，他们就会被吹到九霄云外……"

"可是，可是，你以前吹走过人吗？"苍蝇打断它的话。

"那是因为我以前不知道，也没有试过，不自信。现在我很有自信，让我们去找个人试试，我要打败人类，我们蝴蝶要统治世界。哈哈……"蝴蝶狂笑着。

这时，一只蜘蛛出现了，苍蝇看到后飞了起来，叫蝴蝶："快逃跑啊，有蜘蛛！"蝴蝶很傲慢地看了蜘蛛一眼："哼！我要打败人类，一只小小的蜘蛛能拿我怎么样？正好拿你做试验，看我不把你扇到世界的尽头去！"蝴蝶不但不飞走，反而扇动着翅膀非常自信地向蜘蛛飞去，结果被粘在蜘蛛网上，看着蜘蛛一步步向它靠近……

苍蝇叹了口气，飞走了。风轻轻地吹进书房，哲学书翻到了下一页……

蝴蝶对哲学书断章取义，终于付出了惨重的代价，这不能不说是蝴蝶咎由自取。试想，若蝴蝶能够听得进苍蝇的劝阻，至少，它不会如此轻易地提前结束生命的旅程。其实，有时我们的烦恼就来自于自己那颗狂妄自大的心。

明人陆绍珩说："人心都是好胜的，我也以好胜之心应对对方，事情非失败不可。人都是喜欢对方谦和的，我以谦和的态度对待别人，就能把事情处理好。"谦虚永远是成大事者所具备的一种品质，而只有弱者才会为自己的成功自鸣得意。

托尔斯泰的女儿曾写过这样一件趣事：

在火车上，一位贵夫人把托尔斯泰当成搬运夫，差他去盥洗间取回她忘在那里的手提包。他遵命照办，为此得到五戈比的"茶钱"。当同行的旅伴告诉贵夫人，她差遣的是《战争与和平》的作者时，贵夫人险些晕过去："看在上帝的分上，原谅我吧，请把那枚铜钱还给我吧……"托尔斯泰不以为然，说："您不用感到不安，您没有做错什么……这五戈比是我劳动所得，我收下了。"

真正的大人物应该是像托尔斯泰这样能够成就不平凡的事业却仍然虚怀若谷的人，低调地做着自己该做的事情。功成名就前，不卑不亢；功成名就后，不骄不奢。过好平凡的每一天，走好脚下的每一步，就已经是成功。成功没有我们想得那么难，成功也没有我们想得那么简单。但是只要我们保持一颗清醒心、平常心与谦逊心，我们便已经掌握了可以与成功结缘的大格局。

忠诚工作，不争小利争前途

忠诚是我们的立身之本。一个禀赋忠诚的员工，能给他人以信赖感，让老板乐于接纳，在赢得老板信任的同时更能为自己的发展带来莫大的益处。相反，一个人如果失去了忠诚，就等于失去了一切——失去朋友，失去客户，失去工作。从某种意义上讲，一个人放弃了忠诚，就等于放弃了成功。

一个人任何时候都应该信守忠诚，这不仅是良好的品质，也具有一定的道德价值，而且还蕴涵着巨大的经济价值和社会价值。尽管现在有一些人无视忠诚，利益成为压倒一切的需求，但是，如果你能仔细地反省一下，就会发现，为了利益放弃忠诚，将会成为你人生中永远都抹不去的污点，你将背负着这样的污点生活一辈子。

李克是一家公司的业务部副经理，刚刚上任不久。他年轻能干，毕业短短 2 年就能够有这样的业绩也算是表现不俗了。然而半年之后，他却悄悄离开了公司，没有人知道他为什么离开。李克在离开公司之后，找到了他原来关系不错的同事彼得。在酒吧里，李克喝得烂醉，他对彼得说："知道我为什么离开吗？我非常喜欢这份工作，但是我犯了一个错误，我为了获得一点儿小利，失去了作为公司职员最重要的东西。虽然总经理没有追究我的责任，也没有公开我的事情，算是对我的宽容，但我真的很后悔，你千万别犯我这样的低级错误，不值得啊！"彼得尽管听得不甚明白，但是他知道这一定和钱有关。

后来，彼得了解到李克在担任业务部副经理时，曾经收过一笔款子，业务部经理说可以不入账了："没事儿，大家都这么干，你还年轻，以后多学着点儿。"李克虽然觉得这么做不妥，但是他也没拒绝，半推半就地拿了 5000 元。当然，业务部经理拿到的更多。后来，总经理发现了这件事，没多久，业务部经理就辞职了。李克也不能在公司待下去了。

彼得看着李克落寞的神情，知道李克一定很后悔，但是有些东西失去了是很难弥补回来的。李克失去的是对公司的忠诚，他还能奢望公司再相信他吗？

事实上，无论什么原因，你失去了忠诚，往往就失去了人们对你最根本的信任。不要为自己所获得的利益沾沾自喜，其实仔细想想，你失去的远比获得的多，而且你所获得的东西可能最终并不属于你。相反，如果你在工作中一直坚持忠诚的原则，你必将获得老板的赏识和众人的尊敬。

无论一个人在组织中是以什么样的身份出现，他对组织的忠诚都应该是一样的。我们强调个人对组织忠诚的意义，就是因为无论是组织还是个人，忠诚都会使其得到收益。

忠诚不仅仅是一种品德，更是一种能力。没有任何组织愿意用一个缺乏忠诚的人。忠诚没有条件，更不用计较回报。它是一种与生俱来的义务，是发自内心的情感，具备这种品质，将会使工作变得更有意义，并赋予你工作的激情。对工作忠诚的人感觉到的是享受，不忠诚的人感觉工作是苦役。忠诚不是简简单单的付出，忠诚会有回报。虽然你通过忠诚工作创造的价值中大部分不属于你个人，但你通过忠诚工作得到了许多比那部分价值更有意义的东西，比如经验、知识、才能。它使你在市场上更具竞争力，使你的名字更具有含金量。

履行职责是对工作最大的忠诚，也许你总为自己受到的不公平待遇感到烦闷，那么为何不仔细找找原因，多想想自己在哪个方面做得不好。从长远来看，公平是长期存在的，如果你因一时的不公平而自甘颓废，因一时待遇不公而放弃主动积极的机会，那可能将永远得不到补偿了。获取公平的唯一办法就是一如既往地努力工作，主动承担责任，忠诚工作，用事实说话，用成绩证明自己的能力。无论是做人还是工作都要从全局出发，忠诚工作就是为自己的前途工作，如果仅仅只看到眼前小利，只会毁了自己的职业前途。

看轻得失，不争局部争全局

尘世中的人们最难脱的不过"名""利"二字。正因名利难脱，古人才将之比喻为缰绳和锁链，它们紧紧地将人缚住，使其活得疲惫不堪。曾经有人以纤夫拉船为题写了一首诗："船中人被名利牵，岸上人牵名利船。为名为利终不了，问君辛苦到哪年？"可见，世上之人总离不开名利牵绊。名利就如同鸦片一样，一旦沾上了，想要放下就会很难。

我们要看轻得失，才能赢得成功的大格局。

有一则成语故事"楚王遗弓"，讲的便是对待得失的态度。春秋时，楚王行猎，失落了一张名贵的弓，众人四下披草寻觅，却一无所获。侍卫长忧惧万分，匍行回报，自愿领罚，想不到楚王仰天而笑，挥手说："楚王遗弓，楚人得之，皆吾胞吾民，不必找了！"这事很快传扬开来，市井酒肆之间，闻者无不动容，都称颂圣上心量宽宏，是恺悌君子。有人去问孔子，孔子点点头，淡然一笑，只说："天下人人可得，何必曰楚？"孔子在慨叹楚王的心还是不够大，人掉了弓，自然有人捡得，又何必计较是不是楚国人呢？

"人遗弓，人得之"应该是对得失最豁达的看法了。生生死死，死死生生，世间的一切总是继往开来，生息不断的。得与失，到头来根本就是一无所得，也一无所失。过于计较得失的人，工作上会拈轻怕重，遇到挫折会灰心，做出成绩会骄傲浮躁，甚至因为做了一点成绩，有了一些成果，就对公司大开"狮口"，职位上要求升迁，薪金上要求上涨。更有甚者，什么都没做，却一心想要高待遇，并且以满足多少要求干多少活的心态来工作，这本身就是得失心太重，过于浮躁的一种表现。

有一位年轻人是工商管理硕士，毕业后顺利进入一家跨国企业。在结束了一个月的试用期后，公司交给他一个任务：与西部某企业洽谈原料加工。这个任务年轻人完成得非常出色，不仅降低了公司原定的加工费，还让西部那家企业承诺，在保证质量的前提下提前半个月完成合同，否则一切损失由企业赔偿。

由于他的出色表现，公司给他涨了工资。这让年轻人感到非常意外，他原先想的是，这件事情办得如此漂亮，市场部经理的位子非他莫属。他认为企业根本就没有重视他。他来到老板的办公室，跟老板详细谈了自己的想法。

他认为自己对公司贡献那么大，公司应该给他更多的奖励，这也是对他工作的肯定，而不只是加几百块钱的工资。按这个年轻人的想法，给他加工资纯粹属于象征性的鼓励，与他辛苦的付出、为公司谋得的利益无法画上等号。

老板耐心地听完这个年轻人的话后，对他说，他所做的一切，公司所有的人都看在眼里，大家都对他的工作能力表示赞赏，这也是公司给他奖励的原因。但是由于年轻人来公司没多久，马上就坐到经理的位子是不现实的，工作中还有许多困难需要解决，还有许多考验需要承受，还有许多经验需要积累，这是一个循序渐进的过程。

年轻人没有把老板的话听进去，此后他逢人便说，自己的功劳多么大，而公司却是多么的"吝啬""抠门"，市场部经理的位置应该是属于他的。年轻人每天都在算计着自己的那些得与失，他越发感到公司对他不公平。在这种情绪的支配下，他对待工作也没有以往那种冲劲和干劲了，业务上时常出错，考虑到整体利益，公司只得将他开除。

这位年轻人太过于计较得失，以至于浪费了自己渐入佳境的发展机遇。

只有看轻得失的人才能够更好地专注于发展。在个人利益与集体利益出现矛盾时，才能够以集体利益为重。看淡得失的人才能够在物欲横流的工作中保持淡定的态度，面对诱惑不动于心。看淡得失的人才能够豁达对待工作中的人和事，不会在工作中裹足不前，在挫折面前才能够笑脸面对，镇定处之。

第五章

宁静致远，寂寞中的智慧之光

心非静不能明，性非静不能养

古语云："心非静不能明，性非静不能养，静字功夫大矣哉！"意思是：要认识自己，必须先静下心来，以静思反省来使自己尽善尽美。只有这样，才能明白自己的心性和本质，才能顺着自己的心性，谋求发展。

人生每天都是现场直播，不能重新彩排。一个人很难把握住人生中的许多抉择，因而总是在今日和明朝之间犹豫徘徊。以静观动就是一个积累经验的好办法，只有这样，一个人才能以理性的态度追求更好的生存状态，把命运的主动权紧紧地握在自己手中。

40 岁那年，欧文由人事经理被提升为总经理。3 年后，他自动"开除"自己，舍弃堂堂"总经理"的头衔，改任没有实权的顾问一职。

正值人生的巅峰阶段，欧文却奋勇地从急流中勇退，他的说法是："我不是退休，而是转进。"

"总经理" 3 个字对多数人而言，代表着财富、地位，是身份的象征。然而，短短 3 年的总经理生涯，令欧文感触颇深的却是诸多的"无可奈何"与"不得而为"。这令欧文很郁闷，也迫使他静下心来，全面地打量自己。

欧文意识到：他的工作确实让自己生活得很光鲜，周围想讨好他的人更是不在少数。然而，这些除了让他每天疲于奔命、穷于应付之外，没有给他带来丝毫快乐。这个想法，促使他决定辞职，"要做自己喜欢做的事情，只有这样，我才能更轻松。"他从容地说。

辞职以后，他把应酬减到最低。不当总经理的欧文感觉时间突然多了起来，他把大半的精力用来写作，抒发自己在工作领域多年的体会与心得。

"人只有静下来，从容起来，才会发现自己可以走更好的路。"他笃定地说。

事实上，欧文在写作上很有天分，而且多年的职场生涯使他积累了大量的素材。后来欧文成为某知名杂志的专栏作家，期间还完成了两本管理学著作，欧文迎来了他人生的第二次辉煌。

欧文并没有因眼前的成功而迷失自我，相反，他直面自己内心的渴望，准确地认清了自己，静下心来，发掘自己的潜力，找到了一条更适合自己发展的道路。

可见，内心的平静是人生的珍宝，它和智慧一样珍贵。能够静心，才能够有健康、有成就。拥有一颗宁静之心的人，比那些茫然无措的人更能够找到前进的方向，体验生命的真谛。

小林在大学毕业后，走上了艰辛的求职之路。他卖过旧书，打过零工，做过销售，曾经一度迷失了方向，不知道什么工作更适合自己。一转眼，小林毕业已经3年了，还是不知道自己该干些什么，无奈之下，他打算考研，却又不知道该考什么专业。

一次偶然的机会，他参加了区就业局举办的创业培训班。此后，他静下心来，打算利用自己的专长，办一家科技公司，专门从事软件开发。就这样他终于找到了自己的方向，并坚定这个方向不动摇。经过努力，现在小林的公司已经有20多名员工，已接了几十个订单。公司规模逐步扩大，事业蒸蒸日上。

生命的玄机是找到自己的位置，绽放属于自己的光彩。要达成人生的愿望，就要像小林一样沉得住气，静下心来，根据自己的特点，发挥自己的专长、优势，客观地设计未来，这样才能有所成就。

在忙碌的工作、生活之余，我们应该给自己一些独处的时间，静静地反思一下自己的人生。对自身多一些关照和内省，这样有助于我们获得内心的宁静。常常静思可以让我们更深入地了解自己的意识和思想。当然，这并不意味着你要离群索居。静思并没有时间和地点的要求，散步、购物时，你要做的也只是经常想一想自己在做什么，为了什么，价值何在？这种静思可以让你跳出成堆的文件和应酬，摆脱繁忙的工作和名利的困扰，达到身心如一的境界。

行事自如，静界决定境界

静是什么？是泰山崩于前而色不变，是大胸襟、大觉悟，非丝非竹而自恬愉，非烟非茗而自清芬。

现代人的生活大都处于紧张与焦灼的状态，已很难品味到静的清芬与恬愉。人们都渐渐浮躁起来，可是浮躁往往不利于事情的发展。因此，与其让浮躁影响我们正常的思维，不如放开胸怀，静下心来，默享生活的原味。

《史记·殷本纪》中有一个武丁三年不言的故事。

据记载，"帝武丁即位，思复兴殷，而未得其佐。三年不言，政事决定于冢宰，以观国风"。武丁是盘庚之弟小乙之子，即盘庚之侄。武丁即位之后，思考复兴殷国大计，但并没有得到什么好的方法，于是就决定三年不说话，让冢宰（又称太宰，官名）决定政事，自己走访民间，以观国情。武丁虽三年不语，但凭他的威望和在诸侯国的影响力，凭大家对武丁有勇有谋的了解，谁都不敢有越轨的行为。

　　武丁的三年不言，全部用来默以思道，观察人事，思考怎样平息王室之争；思考怎样任用贤能，把国家治理好；思考怎样使诸侯各国尽早归顺。三年后，武丁得以实施他的治国方略。

　　静能生慧，武丁之所以能够完成自己的兴国大业，就是因为他能够守静。因此，他才得以静观人事，运筹帷幄。"静"不仅是智慧之根，也是养身之本。只要我们能够在工作中和生活中经常保持心清静、意清静，智慧即会随时涌现，同时也能够获得身心的平衡。

　　"静"，是一个人取得成功的要诀。一个人只有宁静，才能够把握机遇，获得成功。许海峰是我国第一枚射击金牌的获得者，他的成功就得益于"静"能力的发挥。

　　1984 年 7 月 27 日，许海峰参加了第 23 届奥运会男子自选手枪慢射项目的预赛。他发挥得很好，以 563 环的好成绩名列榜首，成为自选手枪慢射项目金牌最有力的竞争者。但是他没有被暂时的领先冲昏头脑，而是认真总结了自己在比赛中的不足：刚开始打得太紧张，所以打到后面的时候，手上的力量不够了。和教练交流了对策以后，他才心满意足地回房睡觉。

　　7 月 29 日是奥运会的第一天，许海峰参加的手枪慢射比赛将决出本届奥运会的第一枚金牌。刚开始，许海峰打得很轻松，打完第五组以后，他已经领先了。当他镇定自若地打最后一组的时候，赛场的气氛发生了巨大的变化。本来围在前奥运会自选手枪慢射项目冠军旁边的记者们觉得许海峰能够获得金牌，纷纷走到他的身后为他拍照。说话声、脚步声和按快门的声音严重影响了许海峰的正常发挥，工作人员多次制止他们，可是收效甚微。在嘈杂声中，许海峰竟然连打了两个 8 环。这下许海峰着急了，心想："不管能不能拿到金牌，我一定要好好发挥，决不让这最后的 3 枪变成终生的遗憾。"于是，他放下枪，找了一个离记者较远的座位坐下来。他一边闭目养神，一边回想李培林教练给他定下来的"八字方针":冷静、自主、调整、协调。他觉得自己刚才没发挥好,就是因为嘈杂的环境扰乱了他平静的心情,才直接导致了动作的协调性下降。

怎样才能让赛场恢复安静呢?许海峰想到了一个好办法。只见他走到靶位上,举起了枪,可是人们还没有听到枪响,他就把拿枪的手放下来了。第二次他举起枪又很快放下来,第三次、第四次还是这样。果然如他所料,大家都紧张得说不出话来,整个赛场终于安静了。许海峰很快进入了最佳状态,连打 3 枪以后,现场记录显示:一个 9 环,两个 10 环。历经周折,许海峰终于以 566 环的成绩,成为手枪慢射项目的冠军。中国人有了自己的奥运冠军、奥运金牌,这一"零"的突破被光荣地载入了史册。

从许海峰的故事中,我们可以看出,比赛中参赛选手不仅要具备高超的技术,敢于拼搏的精神,还需要内心的沉着冷静。冷静使人清醒,冷静使人聪慧,冷静使人理智。遇事冷静的人,时时刻刻都能控制自己的情绪,绝不会因为任务繁重而急于求成,更不会因为压力而浮躁不安。

冷静是一个人成熟的标志,当我们在面对生活中的种种挑战时,一定要保持冷静沉稳的心理状态,学会勇敢地面对,并且要在关键时刻显示出自己的胆略和勇气。浮躁之人无法发挥思考的力量,当然也无法有效地克服困难、解决问题。一个人只有排除杂念,专心致志,将智慧、灵感全部集中调动起来,才能有所创造、有所成就。

静能养生,静能通神,静能生慧,静能安心,要想大智大慧,大彻大悟,必须由静做起。宁静是一种气质,一种修养,一种境界。诸葛亮在《诫子书》中写道:"夫学须静也,才须学也。非学无以广才,非静无以成学。"《菜根谭》上也有"此身常放在闲处,此心常安在静中"的句子。面对滚滚红尘,竞争激烈,杂务缠身,人们常会觉得压力沉重,心境失衡。在繁忙紧张的生活中，如果我们能够让自己静下来，让自己的身心处于一个宁静的环境中，我们的工作和生活就会达到一个新的境界。

忍受痛苦和孤独是人生的必修课

"忍不但是人生一大修养，是修学菩萨道的德目，也是过幸福生活不可或缺的动力。"在谈及幸福人生为何需要"忍耐"时，星云大师曾这样回答："忍可以化为力量，因为忍是内心的智能，忍是道德的勇气，忍是宽容的慈悲，忍是见性的菩提。"忍的含义如此丰富，自然能够为幸福人生增添更多的养料。

真正的忍耐不仅在脸上、口上，更在心上。是自然就如此，根本不需要刻意忍耐，是不需要力气，分毫不勉强的忍耐。人要活着，必须以忍处世，不但要忍穷、忍苦、忍难、忍饥、忍冷、忍热、忍气，也要忍富、忍乐、忍利、忍誉。以忍为慧力，以忍为气力，以忍为动力，还要发挥忍的生命力。

有一支刚刚被制作完成的铅笔即将被放进盒子里送往文具店，铅笔的制造商把它拿到了一旁。制造商说，在我将你送到世界各地之前，有五件事情需要告知：

第一件，你一定能书写出世间最精彩的语句，描画出世间最美丽的图画，但你必须允许别人始终将你握在手中。

第二件，有时候，你必须承受被削尖的痛苦，因为只有这样，你才能保持旺盛的生命力。

第三件，你身体最重要的部分永远都不是你漂亮的外表，而是黑色的内芯。

第四件，你必须随时修正自己可能犯下的任何错误。

第五件，你必须在经过的每一段旅程中留下痕迹，不论发生什么，都必须继续写下去，直到你生命的最后一毫米。

铅笔的一生是充满传奇的一生，它用自己的生命勾勒着世人心中最精致的图画，书写着最温暖的文字，即使在生命渐渐消失的时候，还在创造着生命的美丽。但是，它所迈出的每一步，却都踩在锋利的刀刃上，它一生都在忍受着无穷的痛苦。

充实的生命，幸福的人生，需要能够忍受寂寞，忍受他人的恶意羞辱，忍受生活的磨炼，在忍耐中坚强，在坚强中成长。

山里有座寺庙，庙里有尊铜铸的大佛和一口大钟。每天大钟都要承受几百次撞击，发出哀鸣，而大佛每天都会坐在那里，接受千千万万人的顶礼膜拜。

一天深夜里，大钟向大佛提出抗议说："你我都是铜铸的，你却高高在上，每天都有人向你献花供果、烧香奉茶，甚至对你顶礼膜拜。但每当有人拜你之时，我就要挨打，这太不公平了吧！"

大佛听后思索了一会儿，微微一笑，然后安慰大钟说："大钟啊，你也不必艳美我，你知道吗？当初我被工匠制造时，日夜忍受他们一棒一棒的捶打，一刀一刀的雕琢，历经刀山火海的痛楚……千锤百炼才铸成我的眼耳鼻身。我的苦难，你不曾忍受，我经历过难忍能忍的苦行，才坐在这里，接受鲜花供养和人类的礼拜！"

大钟听后，若有所思。

忍受艰苦的雕琢和捶打之后，大佛才成其为大佛，相比之下，钟受到的那点捶打之苦又算什么呢？忍耐与痛苦总是相随相伴，而这样的经历，却总是能够将人导向幸福的彼岸。

在西方学者的眼里："忍耐和坚持是痛苦的，但它会逐渐给你带来好处。"而在中国古人的心中也有同样的含义，例如"不经一番寒彻骨，怎得梅花扑鼻香"。如此一说，忍耐似乎成了人们必修的业绩和取得成就的必需品。

忍是修行必需的一种精神，同时也是一个人获得成就的不可回避的路程。"忍"是佛家的智慧，也是儒家学说的结晶之一，孔子所讲的"克己复礼"就是"忍"的一种。其实，人生的种种都需要忍耐，事业失败、感情受挫、学习艰苦、人际维持、家庭管理，如果你不能忍受这些，你将很难成功。人们为什么一定要忍耐和坚持，因为这是一种不可或缺的精神。

也许你不比别人聪明，也许你有某种缺陷，但成功的道路千千万，你也可以像别人一样成功，只要你多一分坚持，多一分忍耐，就能够渡过难关，成就他人所不能。山洞的开凿、桥梁的建筑、铁道的铺设，没有一个不是靠着人性的坚忍而建成的。

通往成功的路通常都是艰难的，成功绝不是唾手可得的。生活中的苦涩，使人失望流泪；漫漫岁月的辛苦挣扎，催人衰老。人一生经历的机遇、打击、磨炼，都将化为百折不挠的意志，为事业的永恒做足心理准备。修行悟禅也好，成就人生也好，始终都要从困境里苦苦挣扎，最后臻至化境，而此刻最需要的就是一颗能够忍受痛苦和孤独的心。忍，是人生的必修课。

从容是如何炼成的

南怀瑾先生曾提到过庄子有一个"心兵不动"的说法，他引用庄子的话，形容这种"心、意、识"自讼的状态，叫做"心兵"，就是说平常的人们，意识中，随时都在"内战"。理性和情绪上随时都在斗争，自己和自己随时都在争讼、打官司。这个时候，如果能够按住"心兵"，自心的天下就太平了。一个人若能按住"心兵"而不动，不仅可以取得内心的平静，而且还能无往而不胜。

铃木大拙是日本著名的禅学思想家，他曾讲到这样一则故事：

故事的主人公是日本江户时期的一个著名茶师，这个茶师跟随一个显赫的主人。有一天，主人要去京城办事，想让茶师随行。

当时社会动乱，处处都有浪人、武士恃强凌弱。这个茶师因为不懂武艺，所以很害怕，对自己的主人说："您看我又没有武艺，万一路上遇到武士怎么办？"

主人对茶师说："那你就挎上一把剑，扮成武士的样子吧。"

茶师只好挎上剑，扮成武士的样子，跟着主人去了京城。

主人出去办事，茶师就一个人在外面闲逛。

不巧，迎面走来一个浪人，见到茶师，这个武士就向他挑衅："你也是武士，那咱俩比比剑吧！"

茶师惶恐地回答道："对不起，我不能和你比试。我不懂武功，只是个茶师。"

浪人见他不会武功，更加盛气凌人："你不是一个武士而穿着武士的衣服，就是有辱武士的尊严，你就更应该死在我的剑下！"

茶师自觉无法躲过去，只好说："你给我几小时，等我完成主人的任务，今天下午我们在池塘边见，到时再一决胜负。"

浪人答应了。

于是，这个茶师直奔京城里面最著名的大武馆，直接来到大武师的面前，对他说："求您教给我一种作为武士的最体面的死法吧！"

大武师十分吃惊地看着这名茶师说道："来我这儿的所有人都是为了求生，你是第一个求死的。这是为什么？"

茶师就把和浪人比武的事情向大武师说了一遍，向大武师求教道："我只会泡茶，但是今天不能不跟人家决斗了。求您教我一个办法，我只想死得有尊严一点。"

大武师对茶师说："那好吧，你就再为我泡一次茶，然后我再告诉你方法。"

茶师觉得很伤心，他抱着必死的决心，给大武师泡茶。这是他在世界上最后一次泡茶了，因此，他做得很用心。他慢慢地看着山泉水在小炉上烧开，然后把茶叶放进去，洗茶，滤茶，再一点一点地把茶倒出来，捧给大武师。

大武师紧紧地盯着他泡茶的整个过程，他品了一口茶说："这是我有生以来喝到的最好的茶了，我可以告诉你，你已经不必死了。"

　　茶师惊奇地问："为什么，您要教给我什么吗？"

　　大武师说："我不用教你，你只要记住怎样泡茶，就怎样对付那个浪人就行了。"

　　茶师听后，就去赴约了。浪人早已经在那儿等他，一见到茶师，就立刻拔出剑来说："你既然来了，我们就开始吧！"

　　茶师一言不发。他想着大武师的话，如何以泡茶的心面对这个浪人。

　　只见他微笑地看着对方，然后从容地把帽子取下来，端端正正地放在旁边；再解开宽松的外衣，一点一点叠好，压在帽子下面；又拿出绑带，把里面的衣服袖口扎紧；然后把裤腿扎紧……他从头到脚不慌不忙地装束自己，一直气定神闲。

　　对面的浪人越看越紧张，越看越恍惚，因为他猜不出对手的武功究竟有多深。对方的眼神和笑容让他越来越心虚。等到茶师全都装束停当，最后一个动作就是拔出剑来，把剑挥向了半空，然后停在了那里，因为他也不知道再往下该怎么办了。

　　这时浪人忽然"扑通"给他跪下了，说："求您饶命，您是我这辈子见过武功最高的人。"

　　茶师并不懂武功，也未出一招一式，就让浪人弃械投降。究竟茶师胜在何处呢？其实，茶师胜在心灵的勇敢，胜在那种从容、笃定的气势。内心平和的人是不可战胜的。如果遇到棘手的事情，我们能够像茶师一样，保持内心的平静，自然就可以无所畏惧，无往不胜。相反，如果一味地浮躁慌乱，就只能像那个浪人一样不战而败。

　　从容是如何炼成的？冯仑在《伟大是熬出来的》一书中说过，从容，是建立在对未来有预期，对所有的结果和逻辑很清楚的基础上的。你只要对内心、对事物的规律有把握，就能变得很从容。要做到对未来、未知的掌握，除了有必要的知识面跟眼光外，还必须有坚忍不拔的志向。我们要沉住气，用喜悦、和平、宁静之心来代替贪婪、恐惧、傲慢之心，这样才能让自己时刻保持一颗宁静从容的心。否则，我们就等于是败给了自己。

常怀平常心，生活就对了

"心平常，自非凡"，生活和工作当中，很多人并不是被自己的能力打败，而是败给自己无法掌控的情绪。人生不如意之事十有八九，在现实工作中，在激烈的竞争形势与强烈的成功欲望的双重压力下，许多人往往会出现焦虑、急躁、慌乱、失落、颓废、茫然、百无聊赖等困扰工作的情绪，如果这些情绪一齐发作，常常会让人丧失对自身定位的能力，使人变得无所适从，从而严重地影响个人能力的发挥，使自己的工作效能大打折扣，生活也因此变得混乱不堪。古人云："宁静以致远，淡泊以明志。"生活中，只要能够远离浮躁，沉住气，常怀一颗平常心，就能够超越自己，成为一名工作高效、生活幸福的人。

有人问慧海禅师："禅师，你可有什么与众不同的地方吗？"

慧海禅师答道："有！"

"那是什么？"这个人问道。

慧海禅师回答："饿了我就吃饭，累了我就睡觉。"

"每个人都是这样的，有什么区别呢？"这个人不能理解。

慧海禅师说："他们吃饭、睡觉的时候总是想着别的事情，不专心吃饭、睡觉。而我吃饭就是吃饭，睡觉就是睡觉，什么也不想，所以饭吃得香，觉睡得安稳。这就是我与众不同的地方。"

慧海禅师继续说道："世人很难做到一心一用，他们总是在权衡各种利害得失，产生了'种种思量'和'千般妄想'。他们在生命的表层停留不前，这成为他们最大的障碍，他们因此而迷失了自己，丧失了'平常心'。要知道，生命的意义并不是这样，只有将心融入世界，用平常心去感受生命，才能找到生命的真谛。"

在禅宗看来，一个人能明心见性，抛开杂念将功名利禄看穿，将胜负成败看透，将毁誉得失看破，就能达到时时无碍、处处自在的境界，从而进入平常的世界。

所谓平常之心，就是不能只想成功而拒绝失败、害怕失败，要能正确对待成功与失败。成功了，不骄傲自满，不狂妄自大；失败了，也应该平静地接受。失败也是生活中不可缺少的内容，没有失败的生活是不存在的。生活中没有常胜将军，任何一个渴望成功的人，都应该平静地接受生活给予的各种困难、挫折和失败。

随着生活节奏的加快，来自社会各方面的压力、竞争等因素也越来越多，摆正心态是时下最重要的心理课题，应该说，这时候拥有一颗平常心是必要的，也是难能可贵的。心态就是战斗力，越是艰难越要沉得住气，保持从容不迫的心态。在奥运会上夺得金牌的冠军，接受媒体采访时，说得最多的一句话就是：保持平常心。只有保持平常心，我们才能保证自己高效率地投入到工作和生活之中。

张薇大学毕业后求职受挫，最后终于在一家小公司里谋得一份业务员的工作。尽管这份工作与她名牌大学的学历不符，但她并不计较，因为她懂得：一个人只有让自己的心灵回归到零，保持一颗平常心，学会忍耐，才能在这个社会上立足，才会取得事业的发展。面对刁钻的同事和无理取闹的客户，她时刻提醒自己：我是在学习，我要坚持。她咬紧牙关，忍受着各方面的压力，在一次次的挫折中总结经验、积攒力量。两年后，她凭借出色的业务能力、坚忍的态度和坚韧的品格，成为该公司的业务经理。

生活中，这种不计较得失、不苛求回报的平常心是非常重要的。

面对成功或失败，必须保持一种健康平常的心态。保持一颗平常之心，并不是放弃进取之心、成功之心，而是通过平常之心，使进取之心、成功之心得到升华。保持平常心，实质是让外在的世界和内心保持一种平衡，有了这种平衡，悲、欢、离、合皆能内敛，人会少一些焦虑、少一些浮躁，多一分安适、多一分恬静。心似一泓碧水，清澈明亮，继而胸襟为之开阔。而这才是真实而快乐的人生。

想要保持一颗平常心，就要培养自己顺其自然的心态。要让自己的心情彻底放松下来，要沉得住气，不要让欲望牵着你到处奔跑。让脚步随着心态走，让浮躁的心安顿下来，你就会体会到海阔天空。事实上，面对生活，你拥有何种心态，直接关系到你的工作效率和生活质量。多一分平常心，生活中就会多一分从容和洒脱。

生活即道场：品味生活中的"禅境"

生活与工作中，人们总是牵挂的太多，太在意得失，所以心情起伏很大。被负面情绪牵着鼻子走的人，不可能活出洒脱的境界。只有沉得住气，静下心来，以出世的心做入世的事，不让世俗功利蒙蔽你的心灵，淡然面对得失，坦然接受成败，才能超脱物我，得到生命的真谛。

禅宗大师们认为吃喝拉撒无非修行，砍柴烧水都可成佛——这些思想一直影响至今。实际上，生活即道场，我们每天的生活，也是在修行。

刘星宇大学毕业后，在父亲开的清洁公司干活。父亲用一桶清洗液和一把钢丝刷，头顶烈日，为儿子上了重要的一课：每一件工作都好比是你的签名，你的工作质量实际上等于你的名字，只要脚踏实地，以一颗虔诚的心对待你的工作，迟早会出人头地。他按照父亲的教导，用钢刷蘸着清洗液把砖头洗得干干净净。

后来，刘星宇在西南食品超市由包装工升为存货管理员，整天干着装卸、摆放这些细小麻烦的工作，但他始终一丝不苟、乐此不疲。有朋友屡次劝他："别把青春耗费在这种没出息的事情上！"他却不以为然，仍然坚守着自己的工作信条：工作无大小，干好当下每件事。朋友认为他是个大傻瓜，一辈子也干不出什么名堂来，他却为自己能干好这件谁都不愿干的工作而自豪不已。他相信父亲的话："只要不断努力，只要以一颗虔诚的心认真地做好每件事，上帝一定会眷顾你的。"

果不其然，数年后刘星宇脱颖而出，成为拥有 8 家商店，一年总营业收入达几千万的大老板。而当初劝他的朋友们大都默默无闻。

如果所有人都能像上面案例中的刘星宇那样，沉得住气，在每一天点点滴滴的生活中修行，将每时每刻都当成是修炼自己、提升自己的机会，那么所有的烦恼、痛苦、困难和压力等都将成为提升自己、超越自己的最好动力。

生活即道场，禅宗六祖慧能曾说："佛法在世间，不离世间觉。离世求菩提，恰如觅兔角。"佛法到底在什么地方？其实就在当下，在我们日常的生活、工作和学习中。同样的道理，一个人如果离开了当下，不从身边的点点滴滴做起，不将基础夯实、巩固、发展，那么他永远也觅不到成功。

有一天，奕尚禅师起来时，刚好传来阵阵悠扬的钟声，禅师特别专注地聆听。等钟声一停，他忍不住召唤侍者，并询问："刚才打钟的是谁？"

侍者回答："是一个新来参学的和尚。"

于是奕尚禅师就让侍者把那个和尚叫来，并问："你今天早上是以什么样的心情在打钟呢？"

和尚不知道禅师为什么问他，于是说："没有什么特别的心情啊，只为打钟而打钟而已。"

奕尚禅师说："不见得吧？你在打钟的时候，心里一定在想着什么，因为我今天听到的钟声，是非常高贵响亮的声音，那是真心诚意的人才会打出的声音啊。"

和尚想了又想，然后说："禅师，其实我也没有刻意想着什么。我尚未出家参学之前，一位师父就告诉我，打钟的时候应该想到钟就是佛，必须要虔诚、斋戒，敬钟如敬佛，用一颗禅心去打钟。"

奕尚禅师听了非常满意，再三说："往后处理事务时，不要忘记持有今天早上打钟时的禅心。"

我们可以想象，那个小和尚在将来一定可以修成正果，因为他有一颗虔诚的佛心。无论外界如何喧嚣，我们都要固守一颗虔诚的心。虔诚的心是对正念的把握，是对信念的秉持。纤尘不染，杂念俱无，集念于一处，力量就是最大的。

每个人都希望能在事业、生活上有所成就，但如果不脚踏实地，一步一个脚印地向前进，理想和目标是不可能实现的。人们只有秉持一种平和冲淡的虔诚之心，沉得住气，不刻意追求功名利禄，而是努力探索生命的意义，才能够生活得安心、幸福，品味到生活的"禅境"。

慢慢来，别总是马不停蹄地赶路

当今社会，速度已经深入人心了。"快"成了大家默认的办事境界，看机器上一件件飞一般传递着的产品，听办公室一族打电话时那种无人能及的语速……休闲的概念已日渐模糊。大家似乎都变成了在"快咒"控制下的小人儿，似乎连腾出点时间来松口气的时间都没有了。看得见的、看不见的规则约束着我们；有形的、无形的鞭子驱赶着我们。我们马不停蹄地追求事业、爱情、地位、财富，似乎自己慢一拍，就会被这个世界抛弃。

"当我们正在为生活疲于奔命的时候，生活已离我们而去。"英国歌手约翰·列侬的话无疑成了现代人快节奏生活的写照。与此同时，一个困扰我们的问题是：在快节奏的生活里，我们好像一直在马不停蹄地赶路，却也在马不停蹄地错过。

这是为什么呢？

答案其实很简单：因为太急于追求结果了。人生最重要的是过程，只盯着目标和目的，自然会忽略过程当中的美景。

从前有座山，山上有座庙，庙里有个小和尚。这一天，小和尚被派下山去买菜油。出发之前，主管厨房事务的大师兄交给他一个大碗，严肃地叮嘱他说："你一定要小心，绝对不可以把油洒出来。"

小和尚买完油，在上山回庙的路上，他想到大师兄严肃的表情及郑重的告诫，越想越紧张，于是小心翼翼地捧着装满油的碗，丝毫不敢松懈。然而天不遂人愿，快到庙门口的时候，他在上台阶的时候一不留神，洒掉了三分之一的油。

小和尚懊恼至极，自然也挨了大师兄一顿数落。正当他暗自失落的时候，了解真相的师傅过来对他说："我再派你去买一次油。这次我要你在回来的路上，多看看沿途的风景，回来要把美景描述给我听。"

小和尚很听话，又下山去买油。回来的路上，小和尚听从师傅的建议，观察起沿途的风景，他越看越高兴，因为他此前都不知道，山路上的风景是如此美丽：层峦叠嶂的山峰，山下是绿绿葱葱的稻田，忙碌的农夫，玩耍的小孩子，还有鸟语花香，轻风拂面……在美景的陪伴中，小和尚不知不觉就回到庙里了。当小和尚把油交给大师兄时，发现碗里的油装得满满的，一点都没有损失。

师傅的建议充满了智慧，他让小和尚的心态放松，静下心来，找到了工作中失落的美丽。忙碌并快乐着，结果办事的效率反而更高。这就像登山，爬得快的虽然很快就可以登上顶峰，却也错过了沿途美丽的风景。

小和尚的故事也启示我们：工作仅仅是生活的一部分，千万不要忽略了其他乐趣。人生本是一幅美丽的风景画，不必对所有的事情都抱有强烈的目的性，人的一生总有做不完的事情，只要我们有一个平和之心，就不会错过沿途风景，就不会错过藏在角落里的机会。而因为忙碌而忽略了本应该属于自己的生活方式，而太执着于某一点的得失，又如何能够掌控自己的人生，又怎能把控周围给予你的机会呢？

古语云："万物静观皆自得，人生宁静方致远。"快节奏的生活下，需要我们沉住气，慢慢赶路，才能享受生活、享受美丽。

"慢"，是生活和工作之间的一个美丽的平衡点；"慢"，是一种有条不紊、有张有弛的生活节奏。在现代社会的快节奏生活中，慢下来，以平和的心态面对生活中的各种压力和诱惑，也许你会损失金钱，但丰富了生命。生活好像一盏灯，把脚步放慢一些，灯就被点着了，点亮的灯会照亮生活中原本十分平凡的瞬间。而那些太过实际的人，永远只会被生活所累，却看不见生活中最精彩动人的细节。慢下来，慢慢欣赏一朵花的盛开，沉醉于一阵微风掠过，细品人生百味，咀嚼生活点滴，何其简约和透彻！

也许你会问，在竞争如此激烈的年代，哪儿有资本慢下来啊？其实不然，"慢生活"并非让你放弃自我、无所事事，它与物质的富有程度也没有多大关系，慢生活中的"慢"更多的是一种健康的心态，一种积极的生活态度。对我们普通人来说，每一天都是当"慢人"的好时候，只要您运用得当，做个有品位、有资本的"慢人"绝不是什么难事。

看得透人，想得开事

第一章
看懂人心，建立良好人际关系

读懂人心才不会雾里看花

人的复杂性不仅仅是生理构造上表现出的复杂性，还在于心理上表现出的复杂性。因此，当你不了解某人时，最好不要轻易被他的表象所左右。因为，这种表象很可能是一种假象。

美国心理学者奥古斯特·伯伊亚曾经做过一个实验，让几个人用表情表现愤怒、恐怖、诱惑、漠不关心、幸福、悲哀，并用录像机录下来，然后，让人们猜哪种表情表现哪种感情。结果，每人平均只有两种判断是正确的。当表现者做出的是愤怒的表情时，看的人却认为是悲哀的表情。

人是一个矛盾的综合体。人们的喜怒哀乐，远非自身所表现出来的那么简单。欢笑并不一定代表高兴，流泪并不一定代表伤心，鞠躬并不一定代表感谢，拍手并不一定代表赞赏……

要想与他人建立亲善关系，必须善于揣摩他人的心理。你只有读懂他人心，才不会雾里看花，才能替他人遮掩难言之隐。

郑武公的夫人武姜生有两个儿子，长子是难产而生，因而叫寤生，相貌丑陋，武姜心中深为厌恶；次子名叫段，成人后气宇轩昂，仪表堂堂，武姜十分疼爱。武公在世时，武姜多次劝他废长立幼，立段为太子，武公怕引起内乱，就是不答应。

郑武公死后，寤生继位为国君，是为郑庄公。封弟段于京邑，国中称为共叔段。这个共叔段在母亲的怂恿下，竟然率兵叛乱，想夺位。但很快被老谋深算的庄公击败，逃奔共国。庄公把合谋叛乱的生身母亲武姜押送到一个名叫城颍的地方囚禁了起来，并发誓说："不到黄泉，母子永不相见！"意思就是要囚禁他母亲一辈子。

一年之后，郑庄公渐生悔意，感觉自己待母亲未免太残酷了点，但又碍于誓言，难以改口。这时有一个名叫颍考叔的官员摸透了庄公的心思，便带了一些野味以贡献为名晋见庄公。庄公赐其共进午餐，他有意把肉都留了下来，说是要带回去孝敬自己的母亲："小人之母，常吃小人做的饭菜，但从来没有尝过国君桌上的饭菜，小人要把这些肉食带回去，让她老人家高兴高兴。"

庄公听后长叹一声，道："你有母亲可以孝敬，寡人虽贵为一国之君，却偏偏难尽一份孝心！"颍考叔明知故问："主公何出此言？"庄公便原原本本地将发生的事情讲了一遍，并说自己常常思念母亲，但碍于有誓言在先，无法改变。颍考叔说："这有什么难处呢！只要掘地见水，在地道中相会，不就是誓言中所说的黄泉见母吗？"庄公大喜，便掘地见水，与母亲相会于地道之中。母子两人皆喜极而泣，即兴高歌，儿子唱道："大隧之中，其乐也融融！"母亲相和道："大隧之外，其乐也泄泄！"颍考叔因为善于领会庄公的意图，被郑庄公封为大夫。

这个事例告诉我们：与人相处，最重要的是那一份"心领神会"。有些事别人一直犹疑不决但不好说出来，更不用说去做了，这时，需要旁人的默契配合来解围。

但是读懂他人的心，准确领会其意图，并非一日之功，需要平时细心留意，学会观察生活。

多一分理解，就能少一分摩擦

在美国的一次经济大萧条中，90％的中小企业都倒闭了，丹娜开办的齿轮厂的订单也因此一落千丈。丹娜为人宽厚善良，慷慨体贴，交了许多朋友，并与客户保持着良好的关系。在这举步维艰的时刻，丹娜想要找朋友、老客户出出主意、帮帮忙，于是就写了很多信。可是，等信写好后才发现：自己连买邮票的钱都没有了！

这同时也提醒了丹娜：我没钱买邮票，别人的日子也好不到哪里去，怎么会舍得花钱买邮票给我回信呢？可如果没有回信，谁又能帮助我呢？

于是，丹娜把家里能卖的东西都卖了，用一部分钱买了一大堆邮票，开始向外寄信，还在每封信里附上 2 美元，作为回信的邮票钱，希望大家给予指导。她的朋友和客户收到信后，都大吃一惊，因为 2 美元远远超过了一张邮票的价钱。每个人都被感动了，他们回想起丹娜平日的种种好处和善举。

不久，丹娜就收到了订单，还有朋友来信说想要给她投资，一起做点什么。丹娜的生意很快有了起色。在这次经济萧条中，她是为数不多能站住脚而且有所成的企业家。

我们如果想要与他人建立亲善关系，就要学学例子里的丹娜，多理解他人一分，我们交往的摩擦也就少了一分了。

有些人经常抱怨自己不被他人理解，其实，换个角度可能别人也有同样的感受。当我们希望获得他人的理解，想到"他怎么就不能站在我的角度想一想呢"时，我们也可以尝试自己先主动站在对方的角度思考，也许会得到一种意想不到的答案。许多矛盾误会也会迎刃而解。

一位女孩刚开始上网的时候，个性十足，上论坛最喜欢批评人，当然也挨批评。挨批评了，她心里不好过，吃饭都吃不下去。好友知道后对女孩说了一句话："上网是为了快乐。"这句话如同醍醐灌顶，让女孩一下子释怀。

想想看，大家来自不同的城市甚至不同的国家，有不同的看法，操着不同的口音，如果没有网络，大家如何能彼此交谈？如何能够彼此分享快乐，分担忧伤？相识，本来就是缘分。珍惜缘分，珍惜彼此。伤人不快乐，被伤更不快乐。

后来再上网，女孩再也没有和人吵过架，没有恶意抨击过别人——不为别的，只为大家都要寻求快乐。

沟通大师吉拉德说："当你认为别人的感受和你自己的一样重要时，才会出现融洽的气氛。"我们需要多从他人的角度考虑问题，如果对方觉得自己受到重视和赞赏，就会报以合作的态度。如果我们只强调自己的感受，别人就会和你对抗，正如例子里的女孩最终所体会到的一样。

换个角度替对方多思考一下，多理解对方一下，关系立刻就会变得缓和。所以，如果我们想与他人建立亲善的关系，就应该给他人多一分理解，多一分宽容。这样，我们的人际交往才会更顺利。

解读表情的能力是人际和睦的关键

俗话说："出门看天色，进门看脸色。"无论做什么事，对什么人，只有读懂对方的表情，摸清对方的心思后，再付诸行动，才能做到得心应手，万无一失。

中国民间就有这样的说法，老人总是告诫小孩子要学会"看脸色"，也就是从对方的神态表情和其他身体语言中探知对方的心，从而做出一些顺从对方的事情，或者避免做出一些让对方不满意的事情。

关于"看人脸色"，还有一个关于康熙皇帝的故事。

据说康熙皇帝到了晚年，由于年纪大了，产生了一个怪脾气——忌讳人家说老。如果有谁说他老，他轻则不高兴，重则要让对方触霉头。所以，左右的臣子们都知道他这个心思，一般情况下都尽量回避说他老。

有一次，康熙率领一群皇妃去湖中垂钓，不一会儿，鱼竿一动，他连忙举起钓竿，只见钩上钓着一只老鳖，心中好不喜欢。谁知刚刚拉出水面，只听"扑通"一声，鳖却脱钩掉到水里又跑掉了。康熙长吁短叹，连叫可惜，在康熙身旁陪同的皇后见状连忙安慰说："看样子这是只老鳖，老得没牙了，所以衔不住钩子了。"

话没落音，旁边另一个年轻的妃子却忍不住大笑起来，而且一边笑一边不住地拿眼睛看着康熙。康熙见了不由得龙颜大怒，他认为皇后是言者无心，而那妃子则是笑者有意，是含沙射影，笑他没有牙齿，老而无用了。于是将那妃子打入冷宫，终生不得复出。

为什么皇后在说话时明显说到"老"字，康熙并没有怪罪她，而妃子只是笑了一笑，康熙却怪罪她呢？首先是康熙的忌讳心理，他不服老，忌讳别人说他老，一旦有人涉及这个话题，心理上就承受不了。再者由于皇后与妃子同康熙的感情距离不同。皇后说的话，仔细推敲一下，有显义和隐义两个意义，显义是字面上的意义，因为康熙与皇后的感情距离较近，他产生的是积极联想，所以他只是从字面上去理解，知道皇后是一片好心的安慰。妃子虽然没有说话，只是笑了一笑，但她是在皇后的基础上故意引申，是把那只逃掉的老鳖比作皇上，是对皇上的大不敬。

所以，同样的问题，同样的环境，由于不同的人物的不同理解，便引出不同的结果来。正所谓"说者无心，听者有意"，实际上究其原因，还是那个妃子没有用心观察别人脸色，不能读懂皇帝心思的缘故。

生活中，与人交往如果不用心，就会遇到许多想象不到的问题，因为你并不知道自己什么时候就把别人给得罪了。所以要想与人建立亲善关系，一定要学会解读对方的表情，学会用心，否则你就会面临一道道难以预料的障碍。

听懂话里的"弦外之音"，交往才能顺利进行

在日常交往中，通常存在着两种类型话语：一种是表面话语，而另一种是"弦外之音"。"弦外之音"才是一个人真正表达其感情或祈求的内心话，因此，如果想要正确地理解他人，让交往顺利进行，我们就必须懂得如何去听取对方话语中的"弦外之音"。

在日常的对话之中，我们是很难从对方话语的表面去了解他的真意。这时，就必须从隐藏在对话背后的"弦外之音"上着手探索，才能够使彼此的意思或感情得到有效的沟通，才有助于建立亲善关系。

举一个例子来说：

在一个天气暖和的上午，晓惠坐在公园里的一张长椅上欣赏风景。

这时候，坐在离晓惠不远的长椅上的一名男士，突然向她说："今天天气很好啊！天上一片云彩也没有。"

如果从他这句话的表面来想，他只是向她叙述天气的状况，可是实际上，它还隐藏着许多的意义。

首先，表示他很想和晓惠谈话。其次，由于他怕晓惠不愿意和他这样一名素不相识的人对话，所以，就借这句话来试探她的反应。

如果他一开口就问："你从事哪一方面的工作""你有几个小孩""请问贵姓"这类问题，很可能晓惠会不理他，那么他不是会很尴尬吗？所以，他就借叙述天气而和晓惠攀谈。

为了能够敏感地听懂别人的弦外之音，我们必须养成这样的习惯：当自己听别人在说话，或者是自己在和别人对话时，要自问一下："他为什么要这么说？他那句话中的'弦外之音'是什么？"

　　如果对方是在炫耀他那光荣的过去，这时候我们就要留心了，因为此时他心里正在期待着我们的夸奖，所以，只要顺其意夸奖他，你就一定能够获得他的好感。

　　同时，我们也要懂得如何听出讥讽、嘲笑、挖苦等言外之语。对方之所以会向我们说这种话，一定是因为对我们感到不满才会这样的。遇到这种情况时，我们不要立刻反驳或一味生气，就当做没有听到好了，免得和对方发生不必要的冲突。不过，事后最好能自己检讨一下，为什么别人会讥讽我？我本身是否有什么缺点？或者是无意中得罪了人家，才会引起别人的怨恨，而使别人以讥讽来消除他心中的怨恨呢？当我们得知了其中的原因之后，并且及时改正自己的行为，那么，虽然受到别人的讥讽，也可以说是"因祸得福"了。

　　如果我们能够做到以上所说，与他人顺利交往，建立亲善关系会变得更容易。

亲善，是一切交流的基础

　　亲善的意思是"建立或重建和谐友好的关系"，也就是说，我们可以通过建立亲善关系，创造一种相互信任、相互满意和相互合作的人际关系。

　　亲善是人们建立亲密私人关系的首要条件，同时也是一切交流的基础。如果你没有和对方建立亲善关系，那么，哪怕是让孩子把鞋放入鞋柜里这样简单的事也会举步维艰，因为对方根本不会听你的。

　　一个总统有了这种与他人建立亲善关系的能力，可以和世界其他国家搞好关系，可以使国家的政府要员团结在他的周围，将自己推行的政策执行好。

　　一个公司总裁有了很好的人际关系的能力，他可以有效地通过和其他公司的总裁打交道，来完成自己的目标；他可以有效地在公司内部建立起自己的威信，来完成公司的业绩。

一个销售人员如有很好的人际关系能力，可以将他的产品有效的销出去；一个办公室职员有了很好地与他人建立亲善关系的能力，他可以处理好与同事以及上司的关系，这对他的升迁以及职场发展是极为有利的。

一个老师有很好的人际关系能力可以和学生、和同事、和领导搞好关系，使他的教学更有效果，使他的同事喜欢他，领导也会更重用他。

正如唐太宗所说："水能载舟，亦能覆舟。"人在社会中生存，人际关系既能推动你走向成功，同时也能让你顷刻间一无所有。所以，我们一定要注重与他人建立亲善的关系，因为它是一切交流的基础，同时也是我们的人生发展能否顺利的重要因素之一。

良好的人际关系加速成功的进程

有人才华横溢，却终生不得志，也有人能力平平，却能够节节高升。其中，个人的机遇是一方面，另外很重要的则是个人的人际关系状况。一个人如果孤立无援，那他的一生就很难幸福；一个人如果不能处理好人际关系，就犹如在雷区里穿行，举步维艰。

古往今来，许多杰出的人士，之所以被能力不如自己的人击垮，就是因为不善于与人沟通，不注意与人交流，被一些非能力因素打败。而人际关系好的人则可以在每条大路上任意驰骋。

刘邦出身低微，学无所长，文不能著书立说，武不能挥刀舞枪，但刘邦生性豪爽，善用他人，胆识过人。早年穷困时，他身无分文，却敢当座上宾。押送囚徒时，居然敢违王法，纵囚逃散。以后斩白蛇起义，云集四方豪杰，各种背景的人都为他所用，如韩信、彭越，这些威震天下的英雄。至于刘邦身边的文臣武将，如萧何、曹参、樊哙、张良等，都是他早期小圈子里的人，萧何、曹参、樊哙更是刘邦的亲戚。他们在楚汉战争中劳苦功高，最终帮助刘邦建立了西汉王朝。

可以说刘邦能够成就自己的帝王之业，离不开他手下的那些朋友。不仅帝王将相需要借他人之力，就是平民百姓也离不开朋友、离不开良好的人际关系。

人际关系背后的意义，其实比我们所能想得到的还要深远。正如魏斯能在采访了280位企业总裁后写《不上，则下》一书时说："那企业的总裁们，非常致力于发展'双赢'互利关系的基础。他们每个人都有如何步步高升到金字塔顶端的精彩故事，而大多数人把他们的成功归功于身旁人的提拔。"

美国作家柯达同样认为："人际网络非一日所成，它是数十年来累积的成果。你如果到了40岁还没有建立起应有的人际关系，麻烦可就大了。"

连美国石油大亨洛克菲勒在总结自己的成功经验时也曾表示："与太阳下所有能力相比，我更关注与人交往的能力。"正是洛克菲勒的这种卓越的人际关系能力成就了他辉煌的事业。

每个人都将成功作为自己追求的人生目标，因为在竞争的社会里只有拥有事业的成功才是完美的人生。一个人的成长、发展、成功，都是在人际交往中完成的，甚至一个人的喜怒哀乐也都与他的人际关系息息相关。没有良好的人际关系，人们无法预测自己的前途，无法面对困难，无法面对天灾人祸；没有良好的人际关系，人们就组不成家庭、社会和国家，更谈不上个人的前途和发展。

所以，别忽视了与他人建立良好的人际关系，它会在通向成功的道路上助你一臂之力，给你的成功加速。

每个人都喜欢与自己相似的人

中国有句古话是"物以类聚，人以群分"，说的是人们对和自己相似的人看着比较顺眼，相似的两个人容易成为朋友。

走在街上你会发现，浓妆艳抹的美女总是和同样打扮前卫的女人并肩而行，素面朝天的女生身边也总是一个同样打扮简单的女生。从外表上看就验证了那句"物以类聚，人以群分"的老话。从深层次来看，浓妆艳抹的女人可能都对美容、服饰、流行这些东西感兴趣，而素面朝天的女生则可能喜欢看书、看电影。

由此可见，通常情况下，人们喜欢那些在各方面与自己存在某种程度相似的人。

钟子期和俞伯牙的友谊流传千古。俞伯牙有出神入化的琴技，而只有钟子期才能听出他琴技的高妙，于是钟子期和俞伯牙成了最知心的朋友。后来钟子期病死，俞伯牙非常伤心，在钟子期的坟前将琴砸得粉碎，终生不再弹琴。因为已经没有人能够听懂他的琴声了，何况这还会勾起他对钟子期的怀念和伤感。

钟子期、俞伯牙之所以有超乎寻常的友情，就是因为他们有个相似的特点——对音乐有高超的鉴赏力。因为无人能取代钟子期，所以他在俞伯牙心中的地位是独一无二的。

科学家曾人为地将某大学的学生宿舍进行了安排，他们先以测验和问卷的形式了解了部分学生的性情、态度、信念、兴趣、爱好和价值观等，然后把这些学生分为志趣相似和相异的两类，然后把志趣相似的学生安排在同一房间，再把志趣相异的也安排在同一房间，然后就不再干扰他们的生活和学习。过了一段时间，他们再对这些学生进行调查，发现志趣相似的同屋人一般都成了朋友，而那些志趣相异的则未能成为朋友。

那么，为什么人会喜欢与自己有相似性情、类似经历的人交往呢？

当人们与和自己持有相似观点的人交往时，能够得到对方的肯定，增加"自我正确"的安心感。他们之间发生冲突的机会较少，容易获得对方的支持，很少会受到伤害，比较容易获得安全感。

此外，有相似性情的人容易组成一个群体。人们试图通过建立相似性的群体，以增强对外界反应的能力，保证反应的正确性。人在一个与自己相似的团体中活动，阻力会比较小，活动更容易进行。

所以，每个人都喜欢与自己相似的人。如果你想与他人建立亲善关系，不妨把自己"变成"他人，让你们拥有相似的地方，这样能迅速拉近距离，增进感情。

适当重复对方的话，以获得好感

很多人都有这样的错误认识，认为总是重复对方的话好像显得自己比较啰唆，容易引起他人的不满，其实实际情况并非如此。的确，过多的重复容易给人造成一种错觉，然而要是重复得恰到好处，适当地重复对方说话的重点，那么对方便认为你很重视这次谈话，能够抓住谈话的重点，那样，效果就不一样了。

在与人交谈的过程中，适当重复对方的话，既可以增强自己的理解程度，体现对对方的尊重，还可以对问题和结果进行强化，激发对方对谈话的兴趣、加深对自己朋友之间的交往，必须给人以信任感，这是不言而喻的。那么，怎样才能让朋友对你产生信任感呢？其实很简单——沟通的过程是最容易获得朋友信任的时候，而沟通过程中能否适当地重复对方的话尤为重要。

在恰当的时候重复对方说话的重点，这是一种加深他人对我们印象的一种最简单有效的方法。这是因为，大部分的人都对自己的语言都有一种特殊的感情，尤其是在某些情况下经过深思熟虑之后的发言，这类发言对于他们自我满足感来说相当重要，这个时候一旦我们对他人的话不以为意或者不加重视，那么很难让他人对我们有什么深刻的好印象，相反还会把我们纳入一种不能"志同道合"的陌生人的范畴，那样我们就无法和这样的人接触、获得他的好感了。其实，在这个过程中，我们只要以同样的心情了解对方的烦恼与要求，满足一下他们内心的满足感或者虚荣心，很容易获得他人的好感。

　　因此，当我们与他人交谈时，听取了他人的某种意见后，一面要点头表示自己赞同，一面要适当重复对方的话，这样就能让对方感觉受到了重视，从而拉近你们的距离，不由自主地将心里话吐露出来，将你当做好朋友来对待。

第二章

洞悉人性，满足他人心理需求

让出谈话的主动权，满足他人的倾诉欲

有人说："不肯留神去听人家说话，这是不能受人欢迎的原因之一。一般的人，他们只注重于自己应该怎样说下去，绝不管人家要怎样说。须知世界上多半是欢迎专听别人说话的人，很少欢迎自说自话的人。"

很多人在生活中常易犯一个毛病：一旦打开话匣子，就难以止住。其实，这种人得不偿失，因为话说得多了，既费精力，给他人传递的信息又太多，还有可能伤害他人。另外，无法从他人身上吸取更多的东西，因为他们总是不给别人机会。其实，每个人天生都有一种渴望倾诉的心理，希望能够畅快地表达自己，希望有人能够安静地听自己说话。在与人交谈的过程中，我们应该随时关注人们的这种心理，学会做一个认真的倾听者，让出谈话的主动权，满足他人的倾诉欲。

与人交谈时要暂时忘记自己，不要老是没完没了地谈个人生活、自己的孩子、自己的事业。你要在交谈中给对方发表意见的机会，可以尽量去逗引别人说他自己的事情。同时，你以充满同情和热诚的心去听他的叙述，一定会让对方高兴，给对方留下最佳的印象。

如果有几个朋友聚在一起谈话，当中只有一个人口若悬河，其他人只是呆呆地听着，俨然这是一场他的演讲会，让在场的其他人感到无可奈何和愤怒。每个人都有着自己的发表欲。小学

生对老师提出的问题，争先恐后地举起手来，希望教师让自己回答，即使他对于这个问题还不是彻底地了解，只是一知半解地懂了一些皮毛，还是要举起手来的，也不在乎回答错误要被同学们耻笑，这就说明人的表现欲是天生的，因为小学生远不如成年人有那么多顾虑。成人们听着人家在讲述某一事件时，虽然他们并不像小学生那样争先恐后地举起手来，然而他的喉头老是痒痒的，他恨不得对方赶紧讲完了好让他讲。

阻遏别人的发表欲，人家一定不高兴，你在此情况下很难得到别人的认同，为什么要做这样的傻事呢？你不但要让别人有发表意见的机会，还得设法引起别人说话的欲望，使人家感觉到你是一位倍受欢迎的朋友，这对一个人的好处非常之大。

在与人交谈的过程中，与其自己唠唠叨叨地说废话，还不如爽爽快快，让别人去说，反而会得到意想不到的结果。如果能够给别人说话的机会，你就给别人留下了一个好印象，以后，别人就会更愿意与你交谈了。

能说会道的人很受欢迎，而善于倾听的人才真正深得人心。话多难免有言过其实之嫌，或者被人形容夸夸其谈。静心倾听就没有这些弊病，倒有兼听则明的好处。用心听，给人的印象是谦虚好学，是专心稳重，诚实可靠。所以，有时候用双耳听比说更能赢得他人的认可和赞誉。

别人得意之事挂在嘴上，自己得意之事放在心里

虚荣心人人都有，是人类天性的一部分，每个人都喜欢炫耀自己的成绩，引起别人的注意。一方面，我们在人际交往的过程中，要学会洞悉他人的虚荣心理，多说说别人得意的事情，不失时机地满足对方的虚荣心；另一方面，要尽量把自己的得意事放在心里，别伤害了对方的虚荣心，尤其是别人失意时，更要注意维护对方的心理。聪明人会将自己的得意放在心里，

而不是放在嘴上，更不会把它当做炫耀的资本。当你和朋友交谈时，最好多谈他关心和得意的事，这样可以赢得对方的好感和认同，从而加深你们之间的感情。

小柯刚调到市人事局的那段日子里，几乎在同事中连一个朋友也没有，他自己也搞不清是什么原因。原来，他认为自己正春风得意，对自己的机遇和才能满意得不得了，几乎每天都使劲向同事们炫耀他在工作中的成绩。但同事们听了之后不仅没有人分享他的"得意"，而且还极不高兴。后来，还是他当了多年领导的老父亲一语点破，他才意识到自己的症结到底在哪里。以后，每当他有时间与同事闲聊的时候，总是谈论对方的得意之事，久而久之，同事们都成了小柯的好朋友。

诚然，人在得意时都会有张扬的欲望，都想及时地把得意的事和大家分享，以显示自己的优越感，但是当你想谈论你的得意时，要注意说话的场合和对象。你可以在演说的公众场合谈，对你的员工谈，享受他们投给你的钦羡目光，也可以对你的家人谈，让他们以你为荣，引以为豪，但就是不要对失意的人谈。因为失意的人最脆弱，也最敏感，更容易触发内心的失落感。你的每一句得意之言都会在他心中形成鲜明的对比，你的谈论在他听来都充满了嘲讽的味道，让失意的人感受到你"看不起"他。

一个周末，晓楠约了几个要好的朋友来家里吃饭，这些朋友彼此都是很熟悉的。晓楠把他们召集到一起，主要是想借着热闹的气氛，让一位目前正处于人生低潮的朋友心情好一些，希望他早点从心情的低谷中走出来。

这位朋友在不久前因经营不善，关闭了一家公司，他的妻子也因为不堪生活的重负，正与他谈离婚的事。内外交迫，他实在痛苦极了，对生活也失去了信心。

来吃饭的朋友都很同情这位朋友目前的遭遇，也非常理解他现在的心情，因此大家都避免去谈那些与事业有关的事。但是其中一位朋友因为目前生意好，赚了很大一笔钱，按捺不住内心的喜悦，酒一下肚就忍不住开始大谈他的赚钱本领和花钱功夫，那种得意的神情，连晓楠看了都很不舒服。那位失意的朋友沉默不言，心中的苦涩全写在脸上了，一会儿去拿东西，一会儿去抽烟，最后还是提早离开了。晓楠送他出去，在巷口，他愤愤地说："那家伙会赚钱也不必在我面前说得那么神气。"

晓楠了解他的心情，因为在多年前她也碰过低潮，曾经对生活绝望，每次有正风光的亲戚、朋友在她面前炫耀自己的薪水、奖金，那种感受就如同把针一枚枚插在心坎一般，说不出的心酸与痛苦。

一般来说，失意的人较少具有攻击性，郁郁寡欢、沉默寡言、多愁善感是最普遍的心态，但别以为他们只是如此。当他们听你的得意言论后，他们普遍会产生一种心理——怨恨。这是压抑在内心深处的不满，你说得唾沫横飞、得意忘形，其实，不知不觉中已在失意者心中埋下一颗情绪炸弹。一般情况下，失意者对你的怀恨不会立即显现，因为他无力显现，但他会通过各种方式来泄恨，比如说你坏话、扯你后腿、故意与你为敌，在暗地里给你下套，这样做的主要目的则是——看你得意到几时，而最终的目的则是疏远你，避免和你碰面，这样你就少了一个朋友，其他的朋友甚至也会孤立你，这样的结果得不偿失。

自己的得意事放在心里，别人的得意事挂在嘴边。只有铭记这一点，才不会被人讨厌，才有可能真正被人接纳，找到成事的"切入点"，让自己的人生多一条坦途，少一分牵绊。

任何时候都要维护他人的自尊

每个人都有自尊，都渴望得到别人的尊重。人与人之间虽然在财富、地位、学识、能力、肤色、性别等许多方面各有不同，但在人格上是平等的。维护自己的自尊是每个人最强烈的愿望，在人际交往中，如果我们伤害了别人的自尊，对方就很有可能千方百计地伤害我们的自尊；而如果我们维护了别人的自尊，别人也会反过来回报我们对他的尊重。

余伟是一家食品店的老板，他的一名店员经常粗心大意地把商品的价格标签贴错，并由此引起了混淆和顾客的抱怨，余伟每次批评他，但还是屡屡犯错。最后，余伟把这名店员叫进了办公室，任命他为价格标签的主管，负责将整个食品店货物架子上的标签都贴在合适的位置上。新头衔和职责让他的工作态度发生了彻底的改变，从此以后，他做的工作都很令人满意。

许多人自尊心非常强，不到万不得已不轻易求人。因为一旦乞求别人的帮助就意味着自己是弱者而对方是强者，自己受别人的恩惠，就要看人家的脸色，在别人面前气短三分。正因为如此，我们在为别人提供帮助时，也要考虑自己的说话办事的方法，不要伤及对方的尊严，才能使他真正得到帮助。否则人情没有做成，反而招人埋怨。

一位女士讲述了她祖父的故事。

当年祖父很穷，冬天来了，他没有钱买木柴，就去向一个富人借钱。富人爽快地答应借给他两块大洋，很大方地说："拿去花吧，不用还了！"

祖父犹豫了一下，还是接过钱，小心翼翼地包好，就匆匆往家里赶。富人冲他的背影又喊了一遍："不用还了！"

第二天大清早，富人打开院门，发现门口的积雪已被人扫过了。他在村里打听后，得知这事是借钱的人干的。

富人想了想，终于明白了：自己昨天的举动是给别人一份施舍。于是他让借钱人写了一份借条，约定以扫雪来偿还借款。

祖父用扫雪的行动提醒富人，任何人都有尊严。可见，即使是在帮助别人的过程中，也要考虑对方的感受，不要一副

"施舍"的姿态，否则一片好心反而遭来怨恨，得不偿失。

由此可见，无论我们与什么身份、什么地位的人打交道，都要随时注意维护他人的自尊，这样才能赢得别人的尊重，避免不必要的麻烦和损失。

让别人感觉他比你聪明

装傻是一种人生大智慧。每个人都希望比别人显得更聪明，装傻可以满足这种心理。他会感觉自己很聪明，至少比你聪明一些。一旦他意识到这一点，他将再也不会怀疑你可能有更加重要的目的。

在一个小镇上，有一个孩子，人们常常捉弄他。其中最为乐此不疲的一个游戏是挑硬币，他们把一枚 5 分硬币和一枚 1 角硬币丢在孩子面前，他每次都会拿走那个 5 分的。于是大家哈哈大笑，感叹一番"真傻""傻得不可救药"，等等。

一个女教师偶然看到了这一幕，心中非常难过，她为那些没有同情心的人感到可悲。她把那孩子拉到一边，对他说："孩子，你难道不知道 1 角钱要比 5 分钱多吗？为什么要让人家嘲笑你呢？"

出乎意料的事发生了，孩子双眼闪出灵动的光芒，他笑着说："当然知道！可是如果我拿了那 1 角钱，以后就再也拿不到那许多的 5 分钱了。"

这个孩子正是那种貌似愚钝、内心聪明的人，他的傻只是一种伪装，那些肤浅的人们在嘲笑他的同时，却扮演了被愚弄的角色。谁聪明谁傻，从表面上是看不出的，真正的聪明人往往不是光彩外露的。在纷繁复杂、变幻莫测的世界上，那些智者不得不故意装憨卖傻，以一副糊涂表象示之于众人。然而也唯有如此，方称得上有"大智慧"，是"大聪明"。装傻是大智若愚、大巧若拙，是为人处世的大艺术，是保全自我的好方式。

有的人外表似乎固执守拙，而内心却世事通达、才高八斗；有的人外表机敏精灵，而内心却空虚惶恐、底气不足。

人生是个万花筒，一个人在复杂莫测的变幻之中要用足够的聪明智慧来权衡利弊，以防失手于人。但是，有时候不如以静观动，守拙若愚。这种处事的艺术其实比聪明还要胜出一筹。聪明是天赋的智慧，装傻是后天的聪明，人贵在能集聪明与愚钝于一身，需聪明时便聪明，该装傻时装傻，随机应变。

老子自称"俗人昭昭，我独昏昏；俗人察察，我独闷闷。"而作为老子哲学核心范畴的"道"，更是那种"视之不见，听之不闻，搏之不得"的似糊涂又非糊涂、似聪明又非聪明的境界。人依于道而行，将会"大直若屈，大巧若拙，大辩若讷"。庄子说："知其愚者非大愚也，知其惑者非大惑也。"人只要知道自己的愚和惑，就不算是真愚真惑。是愚是惑，各人心里明白就足够了。圣贤将"装傻"上升到哲学的高度，其中的深意耐人寻味。

不把别人比下去，不被别人踩下去

每个人都难免有一些嫉妒心，你太优秀、太耀眼，难免刺伤别人的自尊和虚荣。想想看，当你将所有的目光和风光都抢尽了，却将挫败和压力留给别人，那么别人在你的光芒压迫之下，还能够过得自在、舒坦吗？要知道，一个人锋芒太盛难免会刺伤他人。在名利场中，要防止盛极而衰的灾祸，必须牢记"持盈履满，君子兢兢"的教诫。有才却不善于隐匿的人，往往会招来更多的嫉恨和磨难。

唐人孔颖达，字仲达，八岁上学，每天背诵一千多字。长大后，很会写文章，也通晓天文历法。隋朝大业初年，举明高第，授博士。隋炀帝曾召天下儒官，集合在洛阳，令朝中士与他们讨论儒学。孔颖达年纪最小，道理说得最出色。那些年纪大、资深望高的儒者认为孔颖达超过他们是耻辱，便暗中刺杀他。孔颖达躲在杨志感家里才逃过这场灾难。到了唐太宗时期，孔颖达多次上诉忠言，因此得到了国子司业的职位，又拜酒之职。太宗来到太学视察，命孔颖达讲经。太宗认为讲得好，下诏表彰他，但后来他却辞官回家了。

南朝刘宋王僧虔，是东晋名士王导的孙子，宋文帝时官为太子庶子，武帝时为尚书令。年轻的时候，王僧虔就以擅长书法闻名。宋文帝看到他写在扇面上的字，赞叹道："不仅字超过了王献之，风度气质也超过了他。"当时，宋孝武帝想以书名闻天下，王僧虔便不敢显露自己的真迹。大明年间，他曾把字写得很差，因此平安无事。

当你把别人比下去，就给了别人嫉妒你的理由，为自己树立了敌人。所以，在与人逞强之前请先三思。

如果你确实有真才实学，又有很大的抱负和理想，不甘于停留在一般和平庸的阶层，那么，你可以放开手脚大干一场，但有一点，你必须时刻提防周遭人的嫉妒。

要想使自己免遭嫉妒者的伤害，你需要注意自己的言行，尽量不要刺激对方的嫉妒心理。对于你周围的嫉妒者，可回避而不宜刺激。同事的嫉妒之心就像马蜂窝一样，一旦捅它一下，就会招来不必要的麻烦。既然嫉妒是一种不可理喻的低层次情绪，就没必要去计较你长我短、你是我非，更不必针锋相对，非弄个水落石出、青红皂白不可。你须知，这不是学术讨论，更不是法庭对峙，你的对手不会用逻辑、情理或法律依据与你争锋的。

事实上，嫉妒之人本来就不是与你处在同一档次上，因而任何据理力争都会让你吃亏，浪费时间，虚掷精力，最佳的应对方式是胸怀坦荡、从容大度。对嫉妒者的种种雕虫小技，完全可以视若不见、充耳不闻，以更为出色的成绩来证实自己的实力。

成全别人好胜心，成就自己获胜心

人人都有自尊心，人人都有好胜心，若要联络感情，应处处重视对方的自尊心，因为重视对方的自尊心，必须抑制你自己的好胜心，成全对方的好胜心。若能做到这一点，在危险中你将可以保全自己，在竞争中你将更容易获胜，在日常与人相处中，你将获得好人缘。

汉初良相萧何，今江苏沛县人，曾任沛县主吏掾、泗水郡卒吏等职，持法不枉害人。秦末随刘邦起兵反秦，刘邦进入咸阳，萧何把相府及御史府的法律、户籍、地理图册等收集起来，使刘邦知晓天下山川险要、人口、财力、物力的分布情况。项羽称王后，萧何劝说刘邦接受分封，立足汉中，养百姓，纳贤才，收用巴蜀二郡的赋税，积蓄力量，然后与项羽争天下。为此深得刘邦信任，被任为丞相。他极力向刘邦举荐韩信，认为刘邦要取得天下非用韩信不可。后来韩信在楚汉战争中的才干证明萧何慧眼识人。楚汉战争中，萧何留守关中，安定百姓，征收赋税，供给军粮，支援了前方的战斗，为刘邦最后战胜项羽提供了物质保证。西汉建立后，刘邦认为萧何功劳第一，封他为侯，后被拜为相国。萧何计诛了韩信后，刘邦对他就更加恩宠，除对萧何加封外，刘邦还派了一名都尉率五百名士兵作相国的护卫。

当天，萧何在府中摆酒庆贺。有一个名叫召平的人，穿着白衣白鞋，进来对萧何说："相国，您的大祸就要临头了。皇上在外风餐露宿，而您长年留守在京城，您既没有什么汗马功劳，又没有什么特殊的勋绩，皇上却给您加封，又给您设置卫队，这是由于最近淮阴侯在京谋反，因而也怀疑您了。安排卫队保卫您，这可不是对您的宠爱，而是为了防范您。希望您辞掉封赏，再把全部私家财产都捐给军用，这样才能消除皇上对您的疑心。"

萧何听从了他的劝告，刘邦果然很高兴。同年秋天，英布谋反，刘邦亲自率军征讨。他身在前方，每次萧何派人输送军粮到前方时，刘邦都要问："萧相国在长安做什么？"使者回答，萧相国爱民如子，除办军需以外，无非是做些安抚、体恤百姓的事。刘邦听后总默不作声。使者回来后告诉萧何，萧何也没有识破刘邦的用心。

有一次，偶然和一个门客谈到这件事，这个门客忙说："这样看来您不久就要被满门抄斩了。您身为相国，功列第一，还能有比这更高的封赏吗？况且您一入关就深得百姓的爱戴，到现在已经十多年了，百姓都拥护您，您还在想尽办法为民办事，以此安抚百姓。现在皇上所以几次问您的起居动向，就是害怕您借关中的民望而有什么不轨行动啊！如今您何不贱价强买民间田宅，故意让百姓骂您、怨恨您，制造些坏名声，这样皇上一看您也不得民心了，才会对您放心。"

萧何说："我怎么能去剥削百姓，做贪官污吏呢？"门客说："您真是对别人明白，对自己糊涂啊！"萧何又何尝不知道这个道理，为了消除刘邦对他的疑忌，只得故意做些侵夺民间财物的坏事来自污名节。不多久，就有人将萧何的所作所为密报给刘邦。刘邦听了，像没有这回事一样，并不查问。当刘邦从前线撤军回来，百姓拦路上书，说相国强夺、贱买民间田宅，价值数千万。刘邦回长安以后，萧何去见他时，刘邦笑着把百姓的上书交给萧何，意味深长地说："你身为相国，竟然也和百姓争利！你就是这样'利民'啊？你自己向百姓谢罪去吧！"刘邦表面让萧何自己向百姓认错，补偿田价，可内心里却窃喜。对萧何的怀疑也逐渐消失。

刘邦身为开国皇帝，自是不希望臣子的威信高过自己。萧何采纳了门客的建议成功地保全了自己。

人们在人际交往中也是如此，每个人都有好胜心，懂得成人之美，是一种双赢、皆大欢喜的智慧。

灵活变通，避开敏感处不得罪人

灵活变通，避开不想面对的敏感处，模糊应对，有时也不失为一种好方法。

推销员一进门，就迎面走来一个白发老头儿。

青年推销员恭恭敬敬地鞠了一躬。"喔，喔，可回来了！你毕竟是回来了。"

老头儿脱口而出："老婆子快出来。儿子回来了，是洋一回来了。很健康，长大了，一表人才！"

老太太赶紧出来了，只喊了一声："洋一！"就捂着嘴，眨巴着眼睛，再也说不出话来。

推销员慌了手脚，刚要说"我……"时，老头儿摇头说："有话以后再说。快上来，难为你还记得这个家。你下落不明的时候才小学六年级，我想你一定会回来，所以连这个旧门都一直没有修理，不改原样，一直都在等着你呀。"

推销员实在待不下去了，便从这一家跑了出来，喊他留下来的声音始终留在他的耳边。

"大概是走失了独生子，悲痛之余，老两口都精神失常了吧？倒怪可怜的。"他想着想着回到了公司，跟前辈谈这件事。

老前辈说："早告诉你就好了。那是小康之家，只有老两口。因为无聊，所以经常这样捉弄推销员。"

"上当了！好，我明天再去，假装是儿子，来个顺水推舟，伤伤他们的脑筋。"

"算了吧，这回又该说是女儿回来了，拿出女人的衣服来给你穿。结果，你还是要逃跑的。"

在生活中，有时会遇到麻烦的事。比如事例中用装傻的手段对付难缠的推销员，他的方法不失为一种高明的手段。人际场上，很多人都特别擅长这种模糊迂回的圆融之道。在日本有这样一个故事，很能给人启发：

　　一位名叫宫一郎的青年去拜访广源先生，想将一块地产卖给他。

　　广源听完宫一郎的陈述后，并没有作出"买"或者"不买"的直接回答，而是在桌子上拿起一些类似纤维的东西给宫一郎看，并说："你知道这是什么东西吗？"他似乎瞬间忘记了宫一郎上门的目的。

　　"不知道。"宫一郎回答。

　　"这是一种新发现的材料，我想用它来做一种汽车的外壳。"广源详细地向宫一郎讲述了一遍。广源先生共讲了 15 分钟之多，谈论了这种新型汽车制造材料的来历和好处，又诚恳地讲了他明年的汽车生产计划。广源谈的这些内容宫一郎一点也听不懂，但广源的情绪感染了宫一郎，他感到十分愉快。在广源送走宫一郎时顺便说了一句："不想买那块地。"

　　广源的高明之处在于他没有一开始就回拒宫一郎。如果那样，宫一郎就一定会滔滔不绝地劝说他买那块地。而广源采取了回避的态度，装作好像根本没听懂宫一郎的话，没有给他劝说的时间，在结束谈话时轻轻一拒，不失为高明之法。

　　社交应酬是一个非常广泛的领域，我们所接触的人物当然也是形形色色。于是，很多情景或事情的发生都可能不在我们的预料之中。其中，敏感性话题的突然出现，就是一个令很多人都感到棘手的难题。这种情况下，就可以灵活处理，既不伤害他人，也避免了不必要的麻烦。

发现他人优点，巧妙赞美

　　孔子言："乐道人之善。"孟子戒："勿言人之不善。"也就是说，人们要乐于说出别人的好处、益处，不要说人们的坏处。虽然时逾千年，这仍然是人们待人处世的良好经验和准则。

　　日常生活中，有些人一说起别人的缺点、毛病，总是滔滔不绝、绘声绘色，甚至当着当事人的面也会毫无顾忌地数落、指责。但对别人的优点长处，却常常视而不见，更不愿给人鼓励和赞美。他们有一种看自己"一朵花"，看别人"一块疤"的心理。

　　而事实上，生活中的每个人都渴望得到周围人的认可，渴望别人的赞美和鼓励。真正的处世高手，都深谙"乐道人之善"的道理，即使对方是"一块疤"，他们也能巧妙地把对方夸成"一朵花"，从而使对方心情愉悦，愿意与自己互相往来，乐于为自己效劳。这也正是为人处世的法宝。

　　甲、乙两个猎人，各猎了两只兔子回来。甲的妻子看见后冷漠地说："你一天只打到两只小野兔吗？真没用！"甲猎人听到后很不高兴，心里埋怨起来，你以为很容易打到吗？第二天他故意空手而回，让妻子知道打猎是件不容易的事情。

　　相反，乙猎人回到家后，他的妻子看到他带回了两只兔子，欢天喜地地说："你一天打了两只野兔，真了不起！"听到赞美，乙猎人满心喜悦，心想两只算什么，结果第二天他打了四只野兔回来。

　　社会是由各种各样的人组成的，这些人都有不同的思想性格、兴趣爱好与生活习惯。有的人热情开朗，有的人沉静稳重，有的人性子急躁，有的人心胸狭窄。但是不管他们是哪种人，都喜欢被别人认可和赞美。上至古稀老人，下至三岁孩童，在内心最强烈的渴求就是自尊，就是得到人们的重视。

　　学会"乐道人之善"，与人相处时，要能看到对方的优点和长处，即使对于不喜欢的人，也不要抱有个人的成见和看法，只见"乌云"不见"太阳"。无论是对待同事、朋友、亲人，还是萍水相逢的陌生人，我们要多发现他们的长处，多学他们的优点，不能看自己是"一朵花"，看别人就是"满身疤"。我们经常会见到这样一种人：他对自己所做的工作一点一滴都记在

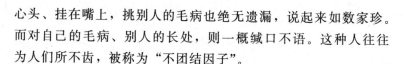

心头、挂在嘴上，挑别人的毛病也绝无遗漏，说起来如数家珍。而对自己的毛病、别人的长处，则一概缄口不语。这种人往往为人们所不齿，被称为"不团结因子"。

"乐道人之善"，一方面要注意不能因为自己比别人做的工作多一点或能力强一点，就沾沾自喜，瞧不起别人；另一方面还要善于发现别人的优点、长处，对他人的工作成绩多加褒扬。这样，不仅显示出了自己虚怀若谷的风度，有益于团结，而且对自己的成长与进步也会大有好处。当然，对别人应该实事求是、恰如其分地赞美，如果不顾事实或夸大事实，效果可能会适得其反。

那么，从现在开始，与人交往的时候，请不要再吝啬你的美言了！

第三章

揣摩心理，与他人有效沟通

看清谈话对象的身份，然后再开口

中国有句谚语："到什么山唱什么歌，见什么人说什么话。"说场面话不看对象，常常让别人无法理解自己的本意，从而在无形之中与别人拉开了距离。反之，了解了对方的情况，并依据其情况，寻找与之相适应的话题和谈话内容，双方就会觉得谈话比较投机，彼此在距离上也显得比较亲切，对方会觉得你是一个极具亲和力的人，从而愿意与你相处。

1. 看对方的身份地位说话

几乎没有一个人在说话的时候不考虑到彼此的身份。不分对象，不看对方身份，都用一样的口气说话，是幼稚无知的表现。下级对上级、晚辈对长辈、学生对老师、普通人对于有名气地位的人等情况，不必表现得屈从、奉迎。但在言谈举止上则不要过于随便，有必要表现得更加尊重一些。在不是十分严肃隆重的场合，身份较高的人对身份较低的人说话越随和风趣越好，而身份较低的人对身份较高的人说话则不宜太过随便，尤其在公众场合，说话要恰如其分地把握好自己与听者的身份差别。地位则是个人在团体组织中担负的职位和在社会关系中所处的位置。个人的社会地位不同，就会有不同的人生经历、社会职责和交际目的，对口才表达也会产生不同的需求。

例如，与上司说话，或是探讨工作，我们应该尽量向上司多请教工作方法，多讨教办事经验，他会觉得你尊重他，看得起他。所以，在工作中，即使你全都懂，也要装出有不明白的地方，然后主动去问上司："关于这件事，我不太了解，应该如何办？"或"这件事依我看来这样做比较好，不知局长有何高见？"上司一定会很高兴地说："嗯，就照这样做！"或"这个地方你要稍微注意一下！"或"大体这样就好了！"如此一来，我们不但会减少错误，上司也会感到自身的价值，而有了他的帮助和支持，后面的事情就好办得多了。

2. 针对对方的特点说话

和人交谈要看对方的身份、地位，还要看对方的性格特点。针对他的不同特点，采取不同的说话方式，这样才有利于解决问题。

春秋时期的纵横家鬼谷子指出："与智者言依于博，与博者言依于辩，与辩者言依于要，与贵者言依于势，与富者言依于高，与贫者言依于利，与贱者言依于谦，与勇者言依于敢，与愚者言依于锐。"意思是说，和聪明的人说话，须凭见闻广博；与见闻广博的人说话，须凭巧辩能力；与地位高的人说话，态度要轩昂；与有钱的人说话，言辞要豪爽；与穷人说话，要动之以利；与地位低的人说话，要谦逊有礼；与勇敢的人说话不要怯懦；与愚笨的人说话，可以锋芒毕露。

一次，孔子的学生仲由问："听到了，就去干吗？"孔子说："不能。"又一次，另一个学生冉求又问："听到了，就去干吗？"孔子说："干吧！"公西华在旁听了犯疑，就问孔子："两个人的问题相同，而你的回答却相反。我有点儿糊涂，故来请教。"孔子说："求也退，故进之；由也兼人，故退之。"

孔子的意思是说，冉求平时做事好退缩，所以我给他壮胆。仲由好胜，胆大勇为，所以我劝阻他。孔子教育学生因人而异，我们谈话也要因人而异。

3. 与异性谈话要注意距离

与同性和异性交流，在说话方式、措辞和态度上都应有所区分，尤其在与异性说话时，要注意关系的亲疏远近，选择适当的称呼用语，谈话中也要尽量避免一些模糊、暧昧的词语，否则容易引起误会甚至对方的反感。

一个男子在火车站候车，看见坐在身边的一位女士风韵照人，便凑上前去搭讪。

男子："你这双袜子是从哪儿买的？我想给我的妻子也买一双。"

女士："我劝你最好别买了，穿这种袜子，会招来不三不四的男人借口跟你妻子搭腔。"

所以，男士同女士交谈，一定要对她们的心理有一定的了解，注意男女有别，一定要保持应有的距离，而不能把男人圈里的东西随便搬过来。此外，男性与女性说话，一般不宜贸然提起对方的年龄，尤其和西方女性交流时更要注意这一点。

不同的人在不同的情况下有不同的心态，有时候甚至不会从外部表现上明显地表露出来，这时作为表达者就应当洞察对方的心理，以便进行有效的交流。既然大家日常说话有差别，同样的话，可能对这个人说，他很愿意接受。而对另外一个人说，不但不接受，而且还产生了反感，不利于交流。所以遇到不同的人要说不同的话，"见什么人说什么话"，才能真正引起对方的好感。

好话也得看准时机说

孔子在《论语·季氏》里说："言未及之而言谓之躁，言及之而不言谓之隐，未见颜色而言谓之瞽。"这句话有三层意思：一是不该说话的时候说了，叫作急躁；二是应该说话的时候却不说，叫作隐瞒；三是不看对方的脸色变化，贸然信口开河，叫作闭着眼睛乱说。

这三种毛病都是没有把握说话的时机，没有注意说话的策略和技巧。说话是双方的交流，不是一个人的单方面行为，它要受到各方面条件的制约，如说话对象、周边环境、说话时间，等等，所以说话要把握时机。如果该说的时候不说，时境转瞬即逝，便失去了成功的机会。同样的，如不顾说话对象的心态，不注意周边的环境气氛，不到说话的火候却急于抢着说，很可能引起对方的误解。如果信口开河，乱说一通，后果就更加严重。所以说话的时机掌握好了是相当重要的。

　　某学校为两位退休老教师举行欢送会。会上，领导非常得体地赞扬了两位的工作和为人。但是，两相比较之下，其中那位多次获得过"先进"的老教师得到了更多的美誉。这让另外那位老教师感到相当难过，所以在他讲完感谢的话以后，又接着说："说到先进，我这辈子最遗憾的是，我到现在为止一次都没有得过……"这时，另外一位平日里与他不合的青年教师突然开口说："不，不是你不配当先进，是因为我们不好，我们都没有提你的名。"一时间，原本会场上温馨感动的气氛被尴尬所取代。领导看气氛不对，马上接过话说："其实，先进只是一个名义罢了，得没得过先进并不重要，没有评过先进，并不代表你不够先进，我们最重要的还是要看事实……"这位领导本来是想要缓和一下气氛，但是反而使局面更糟糕。

　　其实，会场的气氛之所以会如此尴尬，最主要的还是退休老教师、青年教师，以及领导没有掌握好说话的时机。就算自己心里面有多少遗憾，这位退休老教师也不应该在欢送会这样的场合上讲出来。对于青年教师，也不应该在这样的场合上为了图一时之快，说一些刻薄的不近人情的话。场合出现尴尬的时候，领导也应该极力避开这个敏感话题，而不是继续在这个话题上唠叨不休。

　　所以，说话要注意时机，把握说话时机非常重要。这个过程，我们要在不同的时间、地点、人物面前说合适的话，该说话时才说话，而且要说得体的话。只要我们有充分的耐心，积极地进行准备，等待条件成熟，顺理成章地表达自己的观点，不仅能令对方开心，又能令自己舒心。具体来说，可以遵循以下原则：

1. 要看准时机再说话，要有耐心，积极准备，时机到了，才能把该说的话说出来。

2. 沉默是金，并不是说要一味地沉默不语，该说话的时候就不要故作深沉。比如，领导遇到尴尬情况了，就需要你站出来为领导打圆场，同事有矛盾了，需要你开口化干戈为玉帛。

3. 别人在说话的时候，不要随意插嘴打断人家的话。

4. 看准时机，说不同的话。这些话都要与当时的场合、时间、人物相吻合。

5. 该说话的时候要说话，因为有时候机会转瞬即逝，错过这个说话的时机，也许以后就不会再有机会了。

得体的幽默最能取悦人心

幽默使生活充满了情趣，哪里有幽默，哪里就有活跃的氛围。在人际交往中，幽默是心灵与心灵之间快乐的天使，得体的幽默最能够取悦人心，没有人会不喜欢能让自己开心的人，如果你能博得他人一笑，自然能够营造轻松愉快的谈话气氛，沟通起来就容易多了。

一个秃头者，当别人称他"理发不花钱，洗头不费水"时，他当场变了脸，使原本比较轻松的环境变得紧张起来。一位演讲的教授，也是一个秃头，他在自我介绍时说："一位朋友称我聪明透顶，我含笑地回答：'你小看我了，我早就聪明绝顶了。'"然后他指了指自己的头说，"我今天演讲的题目是外表美是心灵美的反映。"教授就这样开始了自己的演讲，整个会场充满了活跃的气氛。

同样是秃头，为什么不同的人得到的却是别人不同的评价，其间的缘故就是有没有幽默感。秃头的教授在自我介绍时运用自嘲的方式谈自己的秃头，继而又把自己的秃头和讲座的主题联系起来，表现出随和大度的个性，立刻活跃了气氛。

幽默家兼钢琴家波奇，有一次在美国密歇根州的福林特城演奏，发现听众不到一半，他当然很失望也很难堪，但是他走向舞台时却说："福林特这个城市一定很有钱，我看到你们每个人都买了两三个座位的票。"于是整个大厅里充满了欢笑，波奇也以寥寥数语化解了尴尬的场面。

由此可见，幽默不仅反映出一个人随和的个性，还显示了一个人的聪明、智慧以及随机应变的能力。生活中应用幽默，可缓解矛盾，调节情绪，促使心理处于相对平衡的状态。著名的喜剧大师卓别林曾说："通过幽默，我们在貌似正常的现象中看不出不正常的现象，在貌似重要的事物中看不出不重要的事物。"

幽默并非天生就有，而是需要自己用心培养。那么，怎样培养幽默感呢？

1. 要领会幽默的真正含义

幽默不是油腔滑调，也非嘲笑或讽刺。正如有位名人所言："浮躁难以幽默，装腔作势难以幽默，钻牛角尖难以幽默，捉襟见肘难以幽默，迟钝笨拙难以幽默，只有从容、平等待人、超脱、游刃有余、聪明透彻，才能幽默。"

2. 扩大知识面

幽默是一种智慧的表现，它必须建立在丰富的知识基础上。一个人只有具有审时度势的能力、广博的知识，才能做到谈资丰富，妙言成趣，从而有恰当的比喻。因此，要培养幽默感，必须广泛涉猎，充实自我，不断从浩如烟海的书籍中收集幽默的浪花，从名人趣事的精华中撷取幽默的宝石。

3. 陶冶情操

幽默是一种宽容精神的体现，要使自己学会幽默，就要学会宽容大度，克服斤斤计较，同时还要乐观。乐观与幽默是亲密的朋友，生活中如果多一点儿趣味和轻松，多一点儿笑容和游戏，多一份乐观与幽默，那么就没有克服不了的困难，也不会出现整天愁眉苦脸、忧心忡忡的痛苦者。

4. 培养敏锐的洞察力

提高观察事物的能力，培养机智、敏捷的能力，是提高幽默的一个重要方面。只有迅速地捕捉事物的本质，以诙谐的语言做出恰当的比喻，才能使人们产生轻松的感觉。

当然，在幽默的同时还应注意，幽默既不是毫无意义的插科打诨，也不是没有分寸的卖关子、耍嘴皮。幽默要在人情入理之中，做到幽默而不俗套，让幽默为人们的精神生活提供真正的养料。

实话要巧说，坏话要好说

在生活中，人与人之间交流是避免不了的，同时说话的双方都希望对方能对自己实话实说。但在某些特定的场合下，如顾及面子、自尊，以及出于保密等，实话实说往往会令人尴尬、伤人自尊，因此，实话是要说的，却应该巧说。那么该如何才能巧妙地去表达呢？如何才能说得既让人听了顺耳，又欣然接受呢？在这里介绍几点：

1. 由此及彼肚里明

两个人的意见发生了分歧，如果实话"实说"直接反驳就有可能伤了和气，影响团结。这个时候就需要我们采取这种方法，因为这样可能会避免一些麻烦。有这样一个例子：

一次事故中，主管生产的副厂长老马左手指受了伤被送往医院治疗，厂长老丁来病房看望时，谈到车间小吴和小齐两个年轻人技术水平较强，但组织纪律观念较差，想让他们下岗。老马当时没有表态，只是突然捧着手"哎哟哎哟"大叫。丁厂长忙问："疼了吧?"老马说："可不是，实在太疼了，干脆把手锯掉算了。"老丁一听忙说："老马，你是不是疼糊涂了，怎么手指受了伤就想把手给锯掉呢。"老马说："老丁，你说得很有道理，我这手受了伤需要治疗，那小吴和小齐……"老丁一下子听出老马的"弦外之音"，忙说："老马，谢谢你开导我，小吴和小齐的事我知道该怎么处理了。"

老马用手有病需要治疗类比人有缺点需要改正，进而巧妙地把用人和治病结合起来，既没因为直接反对老丁伤了和气，而且又维护了团结，成功地解决了问题。

2. 抓心理达目的

有时，双方谈话需要抓住人的心理，运用激将的方法，进而达到自己真正的目的。

一位穿着华贵的妇女走进时装店，对一套服装很感兴趣，但又觉得价格昂贵，犹豫不决。这时一位营业员走过来对她说，某某女部长刚才也看好了这套服装，和你一样也觉得这件服装有点儿贵，刚刚离开。说完，这位夫人当即买下了这套服装。

这位营业员能让这位夫人买下服装，是因为她很巧妙地抓住了这位夫人"自己所见与部长略同"和"部长嫌贵没买，她要与部长攀比"的心理，用激将的方法进而巧妙地达到了让夫人买下服装的目的。

3. 藏而不露巧表达

运用多义词委婉曲折地表明自己要说的大实话。

林肯当总统期间，有人向他引荐某人为阁员，因为林肯早就了解到该人品行不好，所以一直没有同意。一次，朋友生气地问他，怎么到现在还没结果。林肯说，我不喜欢他那副"长相"。朋友一惊道："什么！那你也未免太严厉了，'长相'是父母给的，也怨不得他呀！"林肯说："不，一个人超过40岁就应该对他脸上那副'长相'负责了。"朋友当即听出了林肯的话中话，再也没有说什么。

很显然，这里林肯所说的"长相"和他朋友所说的"长相"，根本不是一回事。林肯巧妙地利用词语的歧义性，道出了"这个人品行道德差，我不同意他做阁员"这句大实话，既维护了朋友的面子，又达到了自己的目的。

别人郁闷时，多说理解的话

有一位奶奶在火车上哄着怀里的小宝宝。

有一位乘客很好奇地把头凑过来看了以后就说："哇！好丑的宝宝！"

奶奶听了好难过，就一直哭，一直哭。

后来车子停到某一站，上来了一些新的乘客。

有一位好心的乘客看她哭得这么伤心，就安慰她说："这位女同志你为什么哭得这么伤心呢？凡事都要看开点儿，没有解决不了的事情嘛！好了，好了，不要再哭了。我去帮你倒杯水，心情放轻松点儿嘛！"过了一会儿，那个乘客真的倒了一杯水给她说："好了，别再哭了，把这杯水喝了就会舒服点儿，还有这根香蕉是给你的猴子吃的。"

这位奶奶听了，差点儿哭晕过去。

笑话里面的那位好心的乘客还没有弄清这位奶奶为什么在那儿哭，就随便安慰一通，当然会驴唇不对马嘴了。所以，首先应该知道别人郁闷的原因，然后对症下药，才能说出真正理解人的话，达到安慰的目的。

人与人之间情感的沟通，是交往得以维持并向更为密切方向发展的重要条件，是人对客观事物所持态度的内心体验。情感沟通由两部分组成：一是"共鸣"，即对同一事物或同类事物具有相仿的态度及相仿的内心体验；二是"振荡"，即由于"共鸣"而使双方情绪相互影响，以致达到一种比较强烈的程度。

前者是找到共同语言，后者是掏出心来。

吴倩十分认真地告诉她的好朋友李蓉，她想自杀。李蓉不去问她为什么，也不板起脸孔说教一番，而是说："是啊，我曾经也有过同样的想法，但是那天发生的一件事，使我看到了人为什么要勇敢地活下去……"

说完后，吴倩谈起了她的烦恼与苦闷。李蓉边听边点头，表示理解和关注。后来吴倩放弃了自杀的想法，她和李蓉的友谊也越来越深了。

要想与人进行情感沟通，就要注意对方的表现。当对方对某一事物表露出一种情感倾向时，你就要对他所说的这件事表达同样的感受。情感沟通的程度，以每当回忆起这段交往时，所导致的兴奋程度为标准。比如，当你读到友人的来信，你俩的感情就绝不会变得冷漠。"不知怎的，你在上次谈论中的一举一动、一言一语都给我留下深刻的印象。我很高兴与你一起度过了那个下午……"当对方常常联想到这段交往时，就伴着愉悦的心境，则这种沟通也就达到了。

有许多女性被朋友冠以"知心姐姐"的美名，但凡朋友有心烦之事、郁闷沮丧时都会找她们聊天，常常一聊就是一两个小时，聊过之后心情便好了很多。这些"知心姐姐"没有学过心理学，也没有受过什么专门的训练，她们之所以能够抚慰失意者的心，秘密就在于她们总是试着理解对方的想法和处境，并做出"同感"的回应，她们从来不会说"你怎么会这么做""你真是太傻了"，而是表示自己有时也会有这种想法。因此，对方就能毫无顾忌地说出自己的心事，进而得到解脱和安慰。

有一句话叫"理解万岁"。我们在自己碰到不如意的事情时希望得到别人的理解，而在别人郁闷的时候经常不能理解对方的心情，不能发自肺腑地说出理解的话。其实，如果设身处地想想，别人和自己是一样的，自己希望别人理解，别人又何尝不是？多说理解的话，别人就会把你当成真心朋友，赞赏

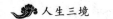

你、信任你，把你当成知己。当别人遭遇不顺、心情烦闷时，最好多说一些理解的话，尽管可能无法帮对方解决问题，你的理解也能让对方感到安慰。因为发自内心的"同感"不是违心的附和，而是朋友间的理解，是心灵的沟通。

绕个圈子再说"不"

身边常有这样的人，一味地照顾别人的感受，凡事都习惯于说"是"，经常给别人面子，认为那是一种对别人的尊重。然而，他们没有意识到，自己拒绝的权利却没有得到别人的尊重。聪明的人应该学会如何果断地拒绝。

在日常生活中，热情帮助别人，对别人的困难有求必应，当然有助于建立融洽的人际关系。但生活中也常有这样的事，即别人有求于你的，恰恰是你感到为难的事。帮忙吧，自己确实有难处；不帮忙吧，又怕人家说你的闲话。还有的时候，你必须对别人的提问给予回答，一般说来，肯定的合乎对方期望的回答往往能使听者感到愉快，而否定的回答，尤其是直截了当地说"不"，则会使提问者感到失望和尴尬。拒绝就意味着将对方阻挡在门外，拂却对方的一片"好意"，因此，说"不"需要很大的勇气。

所以，拒绝别人也有一定的方法，说出来的话要能让对方接受，这样彼此之间的关系才不会受到影响。拒绝是一门艺术、一门学问，能体现一个人的综合素养。当别人对你有所希求而你办不到，不得已要拒绝的时候，你最好用婉言拒绝的方式。所谓婉言拒绝就是用温和曲折的语言，把拒绝的本意表达出来。与直接拒绝相比，它更容易被接受。在很大程度上，顾全了被拒绝者的颜面。

拒绝他人的一个好办法就是在对方提出请求后，不要马上回答，而是先讲一些理由诱使对方自我否定，自动放弃原来提出的请求，以减少对方遭到拒绝后的不快。

两个打工的老乡找到在城里工作的李某，诉说打工的艰难，一再说住店住不起，租房又没有合适的，言外之意是要借宿。李某听后马上暗示说："是啊，城里比不了咱们乡下，住房可紧了，就拿我来说吧，这么两间耳朵大的房子，住着三代人，我那上高中的儿子，晚上只得睡沙发。你们大老远地来看我，应该留你们在我家好好地住上几天，可是做不到啊！"两位老乡听后，就非常知趣地走开了。

拒绝别人是一件很难的事，如果处理得不好，很容易就会影响彼此的关系。所以在拒绝别人的时候有必要绕个圈子说出你的"不"。喜剧大师卓别林就曾说过一句话："学会说'不'吧！"学会有艺术地说"不"，才是真正掌握了说话的艺术。当你不得不拒绝别人时，也要讲究礼貌，这对于你的形象是大有益处的。人都是有自尊心的，一个人有求于别人时，往往都带着惴惴不安的心理，如果一开口就说"不行"，势必会伤害对方的自尊心，引起对方强烈的反感。而如果话语中让他感觉到"不"的意思，从而委婉地拒绝对方，就能够收到良好的效果。所以掌握好说"不"的分寸和技巧就显得很有必要。

1. 通过幽默的话拒绝别人

适当地在拒绝别人的时候加入一些调笑剂，不仅不让对方难堪，而且你自己心里也不会有太多的压力和内疚。

2. 推托其词

例如你的一位同事请你到他家里吃饭，以便要你帮他做某事，你不便直接说"不"，就可找个理由推辞过去。你可以说家里或单位有事，因此不能去。这时，别人一般就会明白你什么意思了。

3. 用答非所问的方式，婉拒对方的建议，使对方一听就知道你不想答应他的要求

如果你的一位朋友邀请你星期天去看电影，你不想去时可以说："划船不错，咱们去公园划船吧。"

4. 拖延回答

例如你一位老乡对你说："你今晚到我这儿来玩吧！"你不想去时可以说："今天恐怕不行了，改天我一定会去的。"这样的话听起来比"没空，来不了"的回答，显然更易于为对方所接受，至于下次什么时候来，其实也并没说清楚。

5. 先扬后抑

对于别人的一些想法和要求，可以先用肯定的口气表示赞赏，再来表达你的拒绝。这样不会伤害对方的感情，也为自己留下一条后路。

适当地随声附和，让交流更顺畅

每个人都希望自己所说的话能得到他人的重视，希望别人对自己的话感兴趣，这是人们的一种普遍心理。如果在谈话中总是得不到对方的回应，定会感到失落和无趣。因此，我们在与人交流时，不但要懂得耐心地倾听，更要学会适当地随声附和，恰当地附和说明你没有走神，一直在用心听对方说话，表达了你对说话者观点的赞赏，还对他暗含鼓励之意，这样，双方的谈话便会进行得更加顺畅。

例如，当你对他的话表示赞同时，你可以说："你说得太好了！""非常正确！""这确实让人生气！"这些简洁的附和让说话者为想释放的情感找到了载体，表明了你对他的理解和支持。同时，听者还可以用一些简短的语句将说者想传达的中心话题归纳一下，能够使说者的思想得以凸显和升华，同时也能提高听者在说者心中的位置。

当然，我们还可以向说话者提一些问题。这些提问既能表明你对说话者话题的关注，又能使说者更愿意说出欲说无由的得意之言，也更愿意与你进一步交流。

一位老教授与五名学生闲聊着自己当年读研时候的杂事，

说："你们现在的生活可真丰富，校园里有体育馆，校园外有游乐园。我当年在你们这个阶段，生活的世界里只有课堂、图书馆和宿舍。"

学生们微微一笑，教授继续说道："不过，那个时候精力都用在读书上也好，搞科研如果基础知识不扎实根本无法谈及创新。还记得我的一个课题是关于青藏高原地质变迁的问题，当时我不仅要查阅自然地理方面的资料，还要查很多地质演变与生物演化方面的资料。当时的科学根本没有现在这么发达，哪里有什么计算机、文献电子稿啊，完全依靠图书馆里纸质的资料，可比你们现在做项目难多了！"

说着，教授停了下来，拿起茶杯饮了两口。

这时，其中一个专心倾听的学生礼貌地问道："老师，您当年的研究方向是青藏高原的地质变迁问题，可参考资料却涉及区域内的生物演化，当时是不是很少有人将这两个角度结合考虑？"

教授会心地看了看这位"好问"的学生，然后得意地说道："很多时候，没人想到的地方你想到了，才会有意外的收获，才能够创新。不信，我们来举个现在的例子，就说说你现在的课题吧！"接着，教授在得意于自己创意思考的同时，更为那名巧妙提问的学生进行了很有创意的课题指导，而那四名只知道听的学生，却丝毫没得到教授的专门指导。

不仅如此，附和地倾听本身还是一种赞美。它能使我们更好地理解别人，有助于克服彼此间判断上的倾向性，有利于改善交往关系。在倾听别人谈话时，你已经把你的心呈现给对方，让对方感受到了你的真诚。我们去倾听别人的时候，也就是我们设身处地地理解他们的幸福、痛苦与欢乐的时候，这使我们能够把对方的优点和缺点看得更清楚。而这些结论再通过我们有效的附和来传达给对方，这才能算是一次完美的交流。

认真倾听并在适当时间附和也有利于对方更好地表达自己

的思想和情感。在对方明白我们的倾听是对他的尊重以后，他同样会认真地听我们说话，这样大家彼此的交流才能产生良好的效果。所以，在与人交流时，你若想讨对方欢心，想把交流愉快地进行下去，那么，请不要只是傻傻地倾听，要学着适时地附和。

多说"我们"，变成自己人

新婚燕尔，新娘对新郎说："从此以后，就不能说'你的'，'我的'，要说'我们的'。"

新郎点头称是，一会儿，新娘问新郎："亲爱的，我们今天去哪儿啊？"

新郎说："去我表姐家。"

新娘就不乐意了，纠正说："是去我们的表姐家。"

新郎去洗手间，很久了还不出来。新娘问："亲爱的，你在里面干吗呢？"

新郎答道："我在刮我们的胡子。"

这虽然是一则笑话，可是它体现了一个问题，即"我们"这个词可以造成彼此间的共同意识，拉近双方的距离，对促进人际关系将会有很大的帮助。

曾经有一位心理学家做了一项有名的实验，就是选编了三个小团体，并且分派三人饰演专制型、放任型、民主型的三位领导人，然后对这三个团体进行意识调查。

结果，民主型领导人所带领的这个团体表现了强烈的同伴意识。而其中最有趣的就是这个团体中的成员大都使用"我们"一词来说话。

经常听演讲的人，大概都有这样的经验，就是演讲者说"我这么想"不如说"我们是否应该这样"更能让人觉得和对方的距离很近。因为"我们"这个词，也就是要表现"你也参与其中"的意思，所以会使对方心中产生一种参与意识，按照心理学的说法，这种情形是"卷入效果"。

小孩子在玩耍时，经常会说"这是我的东西"或"我要这样做"，这种说法是由于小孩子的自我显示欲直接表现所造成的。有时在成人世界里，也会出现如此说法，而这种人不仅无法令对方有好印象，可能在人际关系方面也会受阻，甚至在自己所属的团体中形成被孤立的局面。

人心是很微妙的，同样是与人交谈，有的人说话方式会令对方反感，而有的人说话方式却会令对方不由自主地妥协。

事实上，我们在听别人说话时，对方说"我""我认为"带给我们的感受，将远不如他采用"我们"的说法，因为采用"我们"这种说法，可以让人产生团结意识。

"我"在英文里最简单的一个词汇，千万别把它变成你词汇中最大的字。

在一次公司年会上，有位先生在讲话的前三分钟，一共用了6个"我"，他不是说"我"，就是说"我的"，如"我的公司""我的花园"等。随后一位熟人走上前去对他说："真遗憾，你失去了你的所有员工。"

那个人怔了怔说："我失去了所有员工？没有呀，他们都好好地在公司上班呢！"

"哦，难道你的这些员工与公司没有任何关系吗？"

亨利·福特二世描述令人厌烦的行为时说："一个满嘴说'我'的人，一个独占'我'字，随时随地说'我'的人，是一个不受欢迎的人。"

在人际交往中，"我"字讲得太多并过分强调，会给人突出自我、标榜自我的印象，这会在对方与你之间筑起一道防线，影响别人对你的认同。

因此，会说话的人，在语言传播中总会避开"我"字，而用"我们"开头。下面的几点建议可供你参考：

1. 尽量用"我们"代替"我"

很多情况下,你可以用"我们"一词代替"我",这可以缩短你和大家的心理距离,促进彼此之间的感情交流。

例如:"我建议,今天下午……"可以改成:"今天下午,我们……好吗?"

2. 这样说话时应用"我们"开头

在员工大会上,你想说:"我最近作过一项调查,我发现40%的员工对公司有不满的情绪,我认为这些不满情绪……"

如果你将上面这段话的三个"我"字转化成"我们",效果就会大不一样。说"我"有时只能代表你一个人,而说"我们"代表的是公司,代表的是大家,员工们自然容易接受。

3. 非得用"我"字时,以平缓的语调讲

不可避免地要讲到"我"时,你要做到语气平和,既不把"我"读成重音,也不把语音拖长。同时,目光不要逼人,表情不要眉飞色舞,神态不要得意扬扬。你要把表述的重点放在事件的客观叙述上,不要突出做事的"我",以免使听者觉得你自认为高人一等,觉得你在吹嘘自己。

第四章

明心见性，成功结交陌生人

首因效应：第一次见面就留下好印象

心理学中有一个词叫"首因效应"，首因效应强调的是第一印象的重要性。对于每一个人，无论别人对他的第一印象是正确的还是错误的，大部分人都依赖于第一印象的信息，而这个第一印象的形成对于日后的决定起着非常大的作用。它比第二次、第三次的印象和日后的了解更重要。第一印象的好与坏几乎可以决定人们是否能够继续交往。人的第一印象一旦形成，就很难改变，如果第一印象不好，下面的事情就可能失败。而良好的第一印象是一把在首次相见中能够打开机遇大门的钥匙。

英国伦敦大学学院一位系主任在谈到一位讲师时说："从她一进门，我就感到她是我所渴望的人。她身上散发着独特魅力，被她那庄重的外表衬托得越发迷人。因为只有一个有高度素养、可信、正直、勤奋的人才有这样的光芒。30 分钟之后，我就决定让她第二天来系里报到。她没有让我失望，至今她是最优秀的讲师。"这个激烈角逐的位置就这样由于一个迷人的第一印象落到了这位中国女博士的手中。

尽管人们理直气壮地告诉别人，不要仅凭一个人的外表妄下结论。但事实上是，全世界的人都在这么做。美国勃依斯公司总裁海罗德说："大部分人没有时间去了解你，所以他们对你的第一印象是非常重要的。如果你给人的第一印象好，你才有可能开始第二步，如果你留下一个不良的第一印象，很多情况下，我们会相信第一印象基本上准确无误。对于寻求商机的人，一个糟糕的第一印象，就失去潜在的合作机会，这种案例数不胜数。你必须花费更多的时间才能够抹去糟糕的第一印象。"

可见，第一印象对于人们来说有着太大的作用，但常常被人们忽视。如果你不想失去任何成功的机会，如果你想在人际交往中如鱼得水，那么请别忘记第一印象的作用，因为人往往会根据第一印象判断人，你需要读懂这一点，并且要努力给别人留下良好的第一印象。

谈谈相似经历，成为"同道中人"

俗话说"巧妇难为无米之炊"，没有话题，谈话就没有焦点。陌生人见面，如果尽是客套寒暄，没有实际意思，那陌生人终究还是陌生人，陌生的局面终究还是化不开。因此，就要寻找共同话题，从相似的经历出发，迅速和对方成为"同道中人"。

事前规划，可事半功倍。与陌生人交往之前，要尽量对对方的职业、性格、兴趣等有一个比较全面的了解，这样，在交往过程中你就能做到有的放矢。

清末，在大太监李莲英的保荐下，盛宣怀受到权势显赫的醇亲王的接见，详细汇报有关电报的事宜。盛宣怀以前没有见过醇亲王，但与醇亲王的门客张师爷过从甚密，从他那里了解到了醇亲王两个方面的情况：

第一，醇亲王不认为中国人比洋人差，自己的一套才是最好的。

第二，醇亲王虽然好武，但自认为书读得不少，颇具文人风范。

盛宣怀了解到这些情况后，就抄了些醇亲王的诗稿，背熟了好几首，以备不时之需。"文如其人"这句话一点儿都不错，盛宣怀还从醇亲王的诗中悟出了些醇亲王的心思。

谒见之时，当他们谈到电报这一名词的时候，醇亲王问："那电报到底是怎么回事？"

"回王爷的话，电报本身并没有什么了不起，就是一个传递信息的工具，所谓'运用之妙，存乎一心'，如此而已。"

醇亲王听他能引用岳武穆的话，不免有所欢喜，随即问道："你也读兵书？"

"在王爷面前，怎么敢说读过兵书？不过英法内犯，皇帝大臣人人忧国忧民，那时如果不是王爷神武，力擒三凶，大局真不堪设想了。"

盛宣怀略停了一下又说："那时有血气的人，谁不想洗雪国耻，宣怀也就是在那时候，自不量力，看过一两部兵书。"

盛宣怀真是三句话不离醇亲王的"本行"，他接着又把电报的作用描绘得神乎其神，醇亲王也觉得飘飘然，觉得中国非办电报不可。后来醇亲王干脆把督办电报业的事托付给盛宣怀。

从上面这个例子我们明白，当你要特意去结识一位陌生人时，一定要多加准备，将其当成你人生中的一个重要经历。你可以通过多种渠道事先了解对方的背景、经历、性格、喜恶，在对对方基本情况了如指掌的前提下，读懂对方的心思。还要设想有可能出现的变故，做好以不变应万变的心理准备。求同存异，在交往中要尽力寻找双方在兴趣喜好等方面的共同点，以加深彼此交流。"酒逢知己千杯少"，两个意气相投的人碰到一起，往往能产生相见恨晚的感觉，双方日后的交往也会变得如鱼得水。

两个人刚见面时，不知道对方的性格、爱好、品性如何，往往会陷入难熬的沉默与尴尬之中。这时我们应当主动地在语言上与对方磨合，找到彼此的共同点或者相似的经历，例如在同一个城市生活、工作过，有相同的兴趣爱好，从事相似的职业，等等。如果彼此完全陌生尚未相识，那就要察言观色，以话试探，寻求共同点，抓住了共同点就抓住了可谈的话题。如果对方有什么顾虑，或是沉默的原因不明，那就没话找话说，随便找个话题，引起对方的兴趣，说个笑话，谈点儿趣闻都可以活跃气氛。

总之，在和陌生人交往时，不妨多多寻求彼此在兴趣、性格、阅历等方面的共同之处，使双方在共同的话题中获得更多关于对方的信息，迅速拉近距离，增进感情。

直呼其名，缩短彼此的心理距离

在和陌生人接触时，一个比较关键的细节就是该如何称呼对方。称呼得好，就可以迅速拉近彼此之间的心理距离，使双方很快建立友好关系。称呼得不到位，双方还是会形同陌路，关系难以发展，生意也就比较难做了。对于一些比较大众化的称呼来说，一般也不要使用称呼，这会使对方感觉你和别人完全一样，没什么特别的，你们之间的关系也是一般而已。所以你应该使用一些比较特别的让别人感觉亲近的称呼，来迅速改变你们的关系。

在平常生活中，你可能听到这样的话，也可能对别人说这样的话：不用称我老师，叫我名字就行了。听了这话或说了这话，你和他（她）便感觉彼此的关系进了一步。在爱情片中，我们常常看到男女主人公这样的对白：不要叫我××，叫我阿×吧。看到这儿，你就知道，两人的关系发生了变化，至少某一方希望另一方认为两人的关系发生了变化。为什么会这样呢？因为彼此的称呼与彼此的心理距离有关。也就是说，两个人称呼的改变，通常意味着两个人心理距离的变化。与人交往，需要读出称呼里隐藏的信息，从而合理使用称呼，使人际关系更融洽。

众所周知，对初次见面的人，一般会以对方的姓加上头衔，如×经理、×大夫、×老师等，而不直接以名字相称。时间长了，相处久了，熟悉了，才会直呼其名。也就是说，以名字相称是建立在两个人相对亲密的关系上的。当两个人心理上的距离愈来愈靠近时，他们的称呼也会从姓加头衔，然后到名，再到昵称。

我们也常常看到，某个人与另一个人虽然见面不久，关系不算亲密，但他也以名字或昵称来称呼对方。这意味着什么？意味着他希望尽快拉近与对方的关系。这也是政治家们将对手"化敌为友"的惯用手法。面对一个从未谋面的人，他们也能够用一种非常自然、非常亲切的口吻喊出对方的名字。

这种通过改变称呼来拉近彼此间心理距离的方法，在销售行业也广为应用。

有一个业务推销员，一次要去拜访一位房地产公司的老总。房地产公司有位前台小姐叫钟晓慧。钟晓慧作为一位接待小姐，每天都要接触不少的访客，她可以清楚地区分哪些人亲切或哪些人不亲切。推销员要想见到老总，必须先过了她这一关。

第一次拜访时，推销员以锐利的眼神专注地看着她胸前的名牌标志，然后神采奕奕地和她打招呼："钟小姐，我是李总的朋友，我有很重要的私人事情要和他谈。""对不起，今天李总吩咐不见客。"钟晓慧一点儿都不给他面子。

第二天，推销员又来了。他这次改变了风格，在彼此熟悉之后，他说道："呀，改变发型了，很适合你的风格嘛，以后就叫你'晓慧'好了。晓慧，我今天有重要的事情得跟李总谈，请转告一声。'"他说完后热切地看着钟晓慧。钟晓慧这次变得非常爽快，立刻带他去见李总。

一般而言，"×小姐"是比较正式的称呼，如果总是运用这样的称呼，给对方的感觉是你始终和她保持着一段距离，她自然也要和你保持距离了。但是，直接称呼对方的名字，是关系很好的朋友之间才用的，推销员很自然地改变称呼，便会迅速拉近彼此之间的距离，加深双方之间的关系。可见，如果总是局限于陌生人的礼仪，你是根本无法再进一步加强两个人的关系的。要想与陌生人迅速建立关系，或者改变你与朋友、顾客、客户之间的关系，就要改变你对他们的称呼，用一些亲切的称呼来拉近彼此的距离。

当然，就一般的生意场合而言，如何改变称呼还是要看具体情况，并不是越早改变称呼就越好，也不是一上来就直接称呼对方名字就好，你应该根据双方关系的进展情况来随机应变。有时你必须留出一段时间让对方慢慢习惯，不要太过急躁，否则会显得轻浮。在改变称呼时要不留痕迹，尽显自然。例如胡雪岩在初次拜见稽鹤龄时，先是称对方为"稽大哥"，然后称"老兄"，最后又改为"鹤龄兄"，在不露声色中就将彼此的关系加深，并且不着一丝痕迹，这种高超的交际手腕和生意手段着实令人感叹。

在生活中，这种交际方法也常为我们所用。比如，遇到一个难以接近的朋友，你试图接近他（她），不妨直呼其名或者请他（她）直接叫你的名字。面对你的同事，你希望与他（她）走得更近，不妨偶尔称呼他（她）的昵称或让他（她）称呼你的昵称。当然，你要表现得尽可能地自然，不要让对方感觉你是在装腔作势。如果真能那样，你们的距离就能因此而拉近，事情便很容易解决。

来点幽默，对方更乐意向你靠近

幽默的力量体现在沟通上，就像我们打开电灯开关，电力便沿着电线输送到电灯上一样，只要按下幽默的按钮，也能促使一股特别的力量源源而来。我们可以把这股幽默的力量导向他人，并与他人直接沟通，使我们和他人相处不至于紧张。在人际交往中，幽默的人总是受人欢迎，因为他能够给大家带来无尽的快乐，懂得了这一点，就更能赢得人心。幽默的人在结识陌生人方面往往比较成功，因为人们很难讨厌能让他们笑起来的人。在与陌生人相处时，幽默的言语能够巧妙地化解尴尬，让别人开心一笑，就自然而然地就拉近了彼此的距离。

为了丰富学生的课余生活，某大学专门邀请一位著名教授举办了一个讲座，但由于临时改变地点，时间仓促，又来不及通知，结果到场的人很少。教授到了会场才发现只有十几个人参加。

教授有点尴尬，但不讲又不行，于是随机应变，说："会议的成功不在人多人少，今天到会的都是精英，我因此更要把课讲好。"这句话把大家逗得开怀大笑。这一笑，活跃了气氛，再加上教授讲课充满激情，使得那一次讲座非常成功。

当然，在幽默的同时还应注意，重大的原则总是不能马虎，不同问题要不同对待。在处理问题时要极具灵活性，做到幽默而不落俗套，不失体面地博得他人一笑，这样才能有效拉近与他人的关系。

微笑，赢得他人好感的法宝

有句谚语说得好："微笑是两个模特之间最短的距离。"在人际交往中，真诚的微笑可以拉近人与人之间的距离。尤其是初次见面时，人通常会有一种不安的感觉，存有戒心。因此，你要读懂人心，尽力消除别人的戒心。而微笑是人际关系的润滑剂，可以消除这种初次见面的心理状态，让人与人之间的沟通变得更容易。有人做了一个有趣的实验，以证明微笑的魅力。

他给两个模特分别戴上一模一样的面具，上面没有任何表情。然后，他问观众最喜欢哪一个人，答案几乎一样：一个也不喜欢，因为那两个面具都没有表情，他们不想选择。

然后，他要求两个模特把面具拿开，现在舞台上有两个不同的个性，两张不同的脸。他要其中一个人把手盘在胸前，愁眉不展并且一句话也不说，另一个人则面带微笑。

他再问每一位观众："现在，你们对哪一个人最有兴趣?"答案异口同声："是面带微笑的人。"

任何一个人都希望自己能给别人留下深刻的印象，赢得别人的好感，而微笑就是最得力的武器。试想，当你遇到一位陌生人正对着你笑时，你是否感觉到有一种无形的力量在推着你跟他认识。相反，如果你看到的是一张"苦瓜脸"，你还会有好心情吗? 你是不是只能对这种人避而远之呢。

1. 微笑可以以柔克刚

法国作家阿诺·葛拉索说："笑是没有副作用的镇静剂。"办事时，可能遇到的人有脾气暴躁者，有吹毛求疵者，有出言不逊、咄咄逼人者，也有与你存有隔阂芥蒂的人。对付这些"难对付之人"，含蓄的微笑往往比口若悬河更令人信得过。面对别人的胡搅蛮缠、粗暴无礼，只要你微笑冷静，你就能稳控局面，用微笑放松对方的怒意，以微笑化解对方的攻势，从而以静制动，以柔克刚，摆脱窘境。我国乒乓球选手陈新华在一次与瑞典选手的比赛中总是面带微笑。也正是这微笑，使他在最后的关键时刻，镇定自若，愈战愈勇，使对手束手无策，手忙脚乱，成为手下败将。

2. 微笑是缓和气氛的"轻松剂"

当客人来访或是你走入一个陌生的环境，由于感到陌生或羞涩，往往会端坐不语或拘谨不安。此时，你若微笑，就能使紧张的神经松弛，消除彼此间的戒备心理和压抑感，相互产生良好的信任感和和谐感。记住：要使他人微笑，你自己必须先微笑。

3. 微笑是吸引他人的"磁铁"

社交中，人们总是喜欢和个性开朗、面带微笑的对象交往，而对那些个性孤僻、表情冷漠之人，则总是敬而远之。一个优秀的电视节目主持人、公关小姐、售货员，他们深受人喜欢的奥秘，就是他们具有动人的微笑。

当斯是底特律地区最受欢迎的节目主持人之一，他的受欢迎程度并不仅仅在底特律而是在全国。有的听众写信给这位声音里带着微笑的主持人，说他们已经听到了他的声音及他主持的节目，并且告诉当斯说，他们透过他的声音看到了他的微笑。

当斯经常"戴上一张快乐的脸"去工作，并不是暂时，而是经常，他把微笑加进他的声音，配合他的演说水平，使观众如沐春风。

当斯说："当你微笑的时候，别人会更喜欢你，而且，微笑也会使你自己感到快乐。它不会花掉你的任何东西，却可以让你赚到任何股票都付不出的红利。"

当斯正是使用微笑，拉近了与观众的距离，赢得了他人的好感。

把握好开头的 5 分钟，攀谈就会自然而然

人们第一次相遇，需要多少时间决定他们能否成为朋友？美国伦纳得·朱尼博士在所著的一本书中说："交际的点，就在于他们相互接触的第一个 5 分钟。"朱尼博士认为：人们接触的第一个 5 分钟主要是交谈。在交谈中，你要对所接触的对象谈的任何事都感兴趣。无论他从事什么职业，讲什么语言，以什么样的方式，对他说的话都要耐心倾听。如果你这样做了，你会觉得整个世界充满无比的情趣，你将交到无数的朋友。

而许多人同陌生人说话都会感到拘谨。建议你先考虑一个问题，为什么你跟老朋友谈话不会感到困难？很简单，因为你们相当熟悉。相互了解的人在一起，就会感到自然协调。而对陌生人却一无所知，特别是进入了充满陌生人的环境，有些人甚至怀有不自在和恐惧的心理。你要设法把陌生人变成老朋友，

首先要在心目中建立一种乐于与人交朋友的愿望，心里有这种要求，才能有行动。

以到一个陌生人家去拜访为例：如果有条件，首先应当对要拜访的客人作些了解，探知对方一些情况，关于他的职业、兴趣、性格之类的信息。

当你走进陌生人家时，你可凭借你的观察力，看看墙上挂的是什么？国画、摄影作品、乐器……都可以推断主人的兴趣所在，甚至室内某些物品会牵引起一段故事。如果你把它当做一个线索，就可以由浅入深地了解主人心灵的某个侧面。当你抓到一些线索后，就不难找到开场白了。

如果你不是要见一个陌生人，而是参加一个充满陌生人的聚会，观察也是必不可少的。你不妨先坐在一旁，耳听眼看，根据了解的情况决定你可以接近的对象，一旦选定，不妨走上前去向他作自我介绍，特别对那些同你一样，在聚会中没有熟人的陌生者，你的主动行为是会受到欢迎的。

应当注意的是，有些人你虽然不喜欢，但必须学会与他们谈话。当然，人都有以自我兴趣为中心的习惯，如果你对自己不感兴趣的人不瞥一眼，一句话都不说，恐怕也不是件好事。别人会认为你很骄傲，甚至有些人会把这种冷落当做侮辱，从而产生隔阂。和自己不喜欢的人谈话时，第一要有礼貌，第二不要谈论有关双方私人的事。这是为了使双方自然地保持适当的距离，一旦你愿意和他结交，就要一步一步设法缩小这种距离，使双方容易接近。

在你决定和某个陌生人谈话时，不妨先介绍自己，给对方一个接近的线索，你不一定先介绍自己的姓名，因为这样人家可能会感到唐突。不妨先说说自己的工作单位，也可问问对方的工作单位。一般情况，你先说说自己的情况，人家也会相应地告诉你他的有关情况。

接着，你可以问一些有关他本人的而又不是秘密的问题。

对方有一定年纪的，你可以向他问子女在哪里读书，也可以问问对方单位一般的业务情况。对方谈了之后，你也应该顺便谈谈自己的相应情况，才能达到交流的目的。

和陌生人谈话，要比对老朋友更加留心对方的谈话，因为你对他所知有限，更应当重视已经得到的任何线索。此外，他的声调、眼神和回答问题的方式，你都可以揣摩一下，以决定下一步是否能纵深发展。

有人认为见面谈谈天气是无聊的事。其实，这要具体问题具体分析。如果一个人说："这几天的雨下得真好，否则田里的稻苗就旱死了。"而另一个则说："这几天的雨下得真糟，我们的旅行计划全部泡汤了。"你不是也可以从这两句话中分析两人的兴趣、性格吗？退一步说，光是敷衍性的话，在熟人中意义不大，但对于和陌生人的交往还是有作用的。

如遇到那种比你更羞怯的人，你更应该跟他先谈些无关紧要的事，让他心情放松，以激起他谈话的兴趣。和陌生人谈话的开场白结束之后，特别要注意话题的选择。那些容易引起争论的话题，要尽量避免。为此当你选择某种话题时，要特别留心对方的眼神和小动作，一发现对方厌倦、冷淡的情绪时，应立即转换话题。

在一起聚会时，常常会碰到有人请教姓名的事："请问你尊姓大名。"你要牢牢记住对方的姓名，对方说出姓名之后，你应立即用这个名字来称呼他，当你碰到一个可能已经忘记了的人，你可以表示抱歉："对不起，不知怎么称呼您？"也可以说半句"您是——""我们好像——"，意思是想请对方主动补充回答，如果对方老练他会自然地接下去。

顺利地与陌生人开始攀谈，给人一个好印象，积累人脉资源为你所用。学会和陌生人攀谈，谁都可能成为你的朋友。

接触多一点，自能陌生变熟悉

美国心理学家扎琼克在 1968 年曾进行了"交往次数与人际吸引"的实验研究。他将被试者不认识的 12 张照片，按概率分为 6 组，每组两张，按以下方式展示给被试者：第一组两张只看 1 次，第二组两张看 2 次，第三组两张看 5 次，第四组两张看 10 次，第五组两张看 25 次，第六组两张被试者从未看过。在被试者看毕全部照片后，另外从未看过的第六组照片，要求所有被试者按自己喜欢的程度将照片排序。结果发现一种极明显的现象：照片被看的次数越多，被选择排在最前面的机会也越多。

这也就是所谓的"曝光效应"，人与人之间，交往的频率越高，刺激对方的机会就越多，"重复呈现"的次数越多，越容易形成密切的关系。两个人从不相识到相识再到关系密切，交往的频率往往是一个重要的条件。没有一定的交往，如果像俗话所说的"鸡犬之声相闻，老死不相往来"那样，则情感、友谊就无法建立。

简单的呈现确实会增加吸引力，彼此接近、常常见面的确是建立良好人际关系的必要条件。如果你想结交某人，就要多和对方接触，缩短和对方之间的空间距离和心灵距离，从而拉近彼此的关系。

黎雪和几个好友合伙经营一家广告公司，她打听到国内一家知名企业打算为新产品做广告宣传，就努力争取这笔生意。但她们公司是家新公司，在业内没有什么名气，被拒绝了。黎雪十分气馁，好友为了安慰她，特意邀请她前去自己的新居吃饭。到了楼下，她进了电梯正要关电梯时，一个人急匆匆地赶了过来。黎雪不经意地看了那人一眼，并暗暗惊喜。原来这人正是那家知名企业的宣传部主管，要是能和他拉近关系，还是有望赢得这次机会的。更巧的是，这位主管居然和好友住对门，黎雪不由心生一计，主动和那位主管搭讪："你好，我是住在你家对门的黎雪，还请多多指教。"

随后，黎雪暂时住了好友家里，经常制造电梯偶遇的机会。眼看时机成熟，黎雪就在那位主管单独进电梯时，刻意抱了一大堆的资料，急匆匆地跑进电梯。一不小心，资料洒了一地，这些都是黎雪公司精心制作的一些广告作品文本册。主管帮忙捡拾起来，并对这些广告作品十分感兴趣，打听是哪家广告公司的作品。黎雪一脸谦虚："这是我们公司的作品，做得不好，还请多多指教。"

不久，黎雪公司的广告策划案被那位主管推荐给公司，并最终被选中了。

黎雪正是懂得利用邻近心理，多次制造偶遇，增加和那位主管接触的机会，才能借机毛遂自荐，赢得那笔生意。在人际交往中，要想得到别人的喜欢，就得让别人熟悉你，而熟识程度是与交往次数直接相关的。交往次数越多，心理上的距离越近，越容易产生共同的经验，取得彼此的了解和建立友谊。读懂了这一点，就可以适当采取行动，由此形成良好的人际关系。例如，教师和学生、领导和秘书等，由于工作的需要，交往的次数多，所以较容易建立亲近的人际关系。要想赢得别人的好感和信任，就得让别人注意到你，在彼此频繁的接触中由陌生变得熟识。一般来说，接触次数越多，心理上的距离越近，越容易建立友谊，读懂了这一点，就可以适当采取行动，赢得好人缘也就指日可待。

第五章

别较真，别为小事生气

做人不可过于执着

宋代大文学家苏东坡善作带有禅境的诗，曾写一句："人似秋鸿来有信，事如春梦了无痕。"这两句诗充分地将佛理中的"无常"现象告诉世人。南怀瑾对苏轼这首诗的解释非常有趣："人似秋鸿来有信"，即苏东坡要到乡下去喝酒，去年去了一个地方，答应了今年再来，果然来了。"事如春梦了无痕"，意思是一切的事情过了，像春天的梦一样，人到了春天爱睡觉，睡多了就梦多，梦醒了，梦留不住也无痕迹。

人生本来如大梦，一切事情过去就过去了，如江水东流一去不回头。老年人常回忆，想当年我如何如何……那真是自寻烦恼，因为一切事不能回头的，像春梦一样了无痕。

人世的一切事、物都在不断变幻。万物有生有灭，没有瞬间停留，一切皆是"无常"，如同苏轼的一场春梦，繁华过后尽是虚无。如果人们能体会到"事如春梦了无痕"的境界，那就不会生出这样那样的烦恼了，也就不会陷入怪圈不能自拔。

现代著名的女作家张爱玲，对繁华的虚无便看得很透。她的小说总是以繁华开场，却以苍凉收尾，正如她自己所说："小时候，因为新年早晨醒晚了，鞭炮已经放过了，就觉得一切的繁华热闹都已经过去，我没份了，就哭了又哭，不肯起来。"

张爱玲生于旧上海名门之后，她的祖父张佩纶是当时的文坛泰斗，外曾祖父是权倾朝野、赫赫有名的李鸿章。凭着对文字的先天敏感和幼年时良好的文化熏陶，张爱玲7岁时就开始了写作生涯，也开始了她特立独行的一生。

优越的生活条件和显赫的身世背景并没有让张爱玲从此置身于繁华富贵之乡，相反，正是这优越的一切让她在幼年便饱尝了父母离异、被继母虐待的痛苦，而这一切，却不为人知地掩藏在繁华的背后。

其实，纸醉金迷只是一具华丽的空壳，在珠光宝气的背后通常是人性的沉沦。沉迷于荣华富贵的人通常是肤浅的人，在繁华落尽时他会备受煎熬。转头再看，执着于尘俗的快乐，执着于对事物的追求，往往最受连累的就是自己，因为你通常会发现，你所执着的事物其实并不有趣，甚至还会让你一无所得。

赵州禅师是禅宗史上有名的大师，他对执着也有很精彩的解释。一次，众僧们请赵州禅师住持观音院。某天，赵州禅师上堂说法："比如明珠握在手里，黑来显黑，白来显白。我老僧把一根草当做佛的丈六金身来使，把佛的丈六金身当做一根草来用。菩提就是烦恼，烦恼就是菩提。"有僧人问："不知菩提是哪一家的烦恼？"赵州禅师答："菩提和一切人的烦恼分不开。"又问："怎样才能避免？"赵州禅师说："避免它干什么？"

赵州禅师的话语给我们以足够的启示。人为什么放不下种种欲望？为什么追求种种虚华？就因为他们还有没有看清事物的表象，心存欲念，执着不忘。

真正的虚空是没有穷尽的，它也没有分断昨天、今天、明天，也没有分断过去、现在、未来，永远是这么一个虚空。天黑又天亮，昨天、今天、明天是现象的变化，与这个虚空本身没有关系。天亮了把黑暗盖住，黑暗真的被光亮盖住了吗？天黑了又把光明盖住，互相更替。

不幸人的一大共性：过分执着

偏激和固执像一对孪生兄弟。偏激的人往往固执，固执的人往往偏激。心理学对此有一个专业术语：偏执。

偏执的人总是喜欢以自己的标准来衡量一切，以自己的喜怒哀乐决定一切，缺乏客观的依据。一旦别人提出异议，就立刻转换脸色，对别人正确的意见也听不进去。

偏执的人往往极度敏感，对侮辱和伤害耿耿于怀，心胸狭隘。对别人获得成就或荣誉感到紧张不安，妒火中烧，不是寻衅争吵，就是在背后说风凉话，或公开抱怨和指责别人。自以为是，自命不凡，对自己的能力估计过高，惯于把失败和责任归咎于他人，在工作和学习上往往言过其实。总是过多过高地要求别人，但从来不信任别人的动机和愿望，认为别人存心不良。

喜欢走极端，与其头脑里的非理性观念相关联，是具有偏执心理的一大特色。因此，要改变偏执行为，首先必须分析自己的非理性观念。如：

1. 我不能容忍别人一丝一毫的不忠。

2. 世上没有好人，我只相信自己。

3. 对别人的进攻，我必须立即给以强烈反击，要让他知道我比他更强。

4. 我不能表现出温柔，这会给人一种不强健的感觉。

现在对这些观念加以改造，以除去其中极端偏激的成分。

1. 我不是说一不二的君王，别人偶尔的不忠应该原谅。

2. 世上好人和坏人都存在，我应该相信那些好人。

3. 对别人的进攻，马上反击未必是上策，我必须首先辨清是否真的受到了攻击。

4. 不敢表示真实的情感，是懦弱的表现。

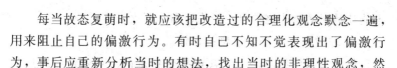

每当故态复萌时，就应该把改造过的合理化观念默念一遍，用来阻止自己的偏激行为。有时自己不知不觉表现出了偏激行为，事后应重新分析当时的想法，找出当时的非理性观念，然后加以改造，以防下次再犯。

另外，还可以从以下几方面治愈偏执心理：

1. 学会虚心求教，不断丰富自己的见识。

常言道："天外有天，人外有人。"别人的长处应该尊重和学习，认识到自己的肤浅。全面客观地看问题，遇到问题不急不躁，冷静分析。

2. 多交朋友，学会信任他人。

鼓励他们积极主动地进行交友活动，在交友中学会信任别人，消除不安感。

交友训练的原则和要领是：

（1）真诚相见，以诚交心。要相信大多数人是友好的，是可以信赖的。不应该对朋友，尤其是知心朋友存在偏见和不信任的态度。必须明确交友的目的在于克服偏执心理，寻求友谊和帮助，交流思想感情，消除心理障碍。

（2）交往中尽量主动给予知心朋友各种帮助。这有助于以心换心，取得对方的信任和巩固友谊。尤其当别人有困难时，更应鼎力相助，患难中知真情，这样才能取得朋友的信赖和增进友谊。

（3）注意交友的"心理兼容原则"。性格、脾气相似和一致，有助于心理相容，搞好朋友关系。另外，性别、年龄、职业、文化修养、经济水平、社会地位和兴趣爱好等亦存在"心理兼容"的问题。但是最基本的心理兼容条件是思想意识和人生观价值观的相似和一致，即所谓的志同道合。这是发展合作、巩固友谊的心理基础。

3. 要在生活中学会忍让和有耐心。

生活中，冲突纠纷和摩擦是难免的，这时必须忍让和克制，不能让敌对的怒火烧得自己晕头转向，肝火旺盛。

4. 养成善于接受新事物的习惯。

偏执常和思维狭隘、不喜欢接受新东西、对未曾经历过的东西感到担心有关。为此，我们要养成渴求新知识，乐于接触新人新事，学习其新颖和精华之处的习惯。只有这样，我们才能不断地提高自己，减少自己的无知和偏执。

凡事不能太较真

有一句著名的话叫做"唯大英雄能本色"，做人在总体上、大方向上讲原则，讲规矩，但也不排除在特定的条件下灵活变通。

人们常说："凡事不能太较真。"一件事情是否该认真，这要视场合而定。钻研学问要讲究认真，面对大是大非的问题更要讲究认真。而对于一些无关大局的琐事，不必太认真。不看对象、不分地点刻板地认真，往往使自己处于尴尬的境地，处处被动受阻。每当这时，如果人们能理智地后退一步，往往能化险为夷。

"海纳百川，有容乃大。"与人相处，你敬我一尺，我敬你一丈；有一分退让，就有一分收益。相反，存一分骄躁，就多一分挫败；占一分便宜，就招一次灾祸。

当您心胸开朗、神情自若的时候，对于那些蝇营狗苟、一副小家子气的人，就会觉得他的表演实在可笑。但是，凡人都有自尊心，有的人自尊心特别强烈和敏感，因而也就特别脆弱，稍有刺激就有反应，轻则板起脸孔，重则马上还击，结果常常是为了争面子反而没面子。多一点儿宽容退让之心，我们的路就会越走越宽，朋友也就越交越多了，生活也会更加甜美。所以，要想成为一个成功的人，我们千万不能处处斤斤计较。许多非原则的事情不必过分纠缠计较，凡事都较真常会得罪人，给自己多设置一条障碍。鸡毛蒜皮的繁琐无须认真，无关大局

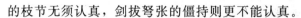

的枝节无须认真，剑拔弩张的僵持则更不能认真。

为了有效避免不必要的争论和较真，我们大致可以从以下几个方面做起：

1. 欢迎不同的意见。

当你与别人的意见始终不能统一的时候，这时就要求舍弃其中之一。人的脑力是有限的，有些方面不可能完全想到，因而别人的意见是从另外一个人的角度提出的，总有些可取之处，或者比自己的更好。这时你就应该冷静地思考，或两者互补，或择其善者。如果采取的是别人的意见，就应该衷心感谢对方，因为有可能此意见使你避开了一个重大的错误，甚至奠定了你一生成功的基础。

2. 不要相信直觉。

每个人都不愿意听到与自己不同的声音。当别人提出与你不同的意见时，你的第一反应是要自卫，为自己的意见进行辩护并竭力去寻找根据，这完全没有必要。这时你要平心静气地、公平谨慎地对待两种观点（包括你自己的），并时刻提防你的直觉（自卫意识）对你作出正确抉择的影响。值得一提的是，有的人脾气不好，听不得反对意见，一听见就会暴躁起来。这时就应控制自己的脾气，让别人陈述观点，不然，就未免气量太小了。

3. 耐心把话听完。

每次对方提出一个不同的观点，不能只听一点就开始发作了，要让别人有说话的机会。一是尊重对方，二是让自己更多地了解对方的观点，以判断此观点是否可取。努力建立了解的桥梁，使双方都完全知道对方的意思，不要弄巧成拙。否则的话，只会增加彼此沟通的障碍和困难，加深双方的误解。

4. 仔细考虑反对者的意见。

在听完对方的话后，首先想的就是去找你同意的意见，看是否有相同之处。如果对方提出的观点是正确的，则应放弃自己的观点，而考虑采取他们的意见。一味地坚持己见，只会使自己处于尴尬境地。

5. **真诚对待他人。**

如果对方的观点是正确的，就应该积极地采纳，并主动指出自己观点的不足和错误的地方。这样做，有助于解除反对者的"武装"，减少他们的防卫，同时也缓和了气氛。

放掉无谓的固执

马祖道一禅师是南岳怀让禅师的弟子。他出家之前曾随父亲学做簸箕，后来父亲觉得这个行当太没出息，于是把儿子送到怀让禅师那里去学习禅道。在般若寺修行期间，马祖整天盘腿静坐，冥思苦想，希望能够有一天修成正果。有一次，怀让禅师路过禅房，看见马祖坐在那里面无表情，神情专注，便上前问道："你在这里做什么？"马祖答道："我在参禅打坐，这样才能修炼成佛。"怀让禅师静静地听着，没说什么走开了。第二天早上，马祖吃完斋饭准备回到禅房继续打坐，忽然看见怀让禅师神情专注地坐在井边的石头上磨些什么，他便走过去问道："禅师，您在做什么呀？"怀让禅师答道："我在磨砖呀。"马祖又问："磨砖做什么？"怀让禅师说："我想把他磨成一面镜子。"马祖一愣，道："这怎么可能呢？砖本身就没有光明，即使你磨得再平，它也不会成为镜子的，你不要在这上面浪费时间了。"怀让禅师说："砖不能磨成镜子，那么静坐又怎么能够成佛呢？"马祖顿时开悟："弟子愚昧，请师父明示。"怀让禅师说："譬如马在拉车，如果车不走了，你使用鞭子打车，还是打马？参禅打坐也一样，天天坐禅，能够坐地成佛吗？"

马祖一心执着于坐禅，所以始终得不到解脱，只有摆脱这种执着，才能有所进步。成佛并非执着索求或者静坐念经就可，必须要身体力行才能有所进步。一开始终日冥思苦想着成佛的马祖，在求佛之时，已经渐渐沦入歧途，偏离了参禅学佛的本意。马祖未能明白成佛的道理，就像他没有明白自己的本心一样，他不了解自己的内心如何与佛同在，所以他犯了"执"的错误。

这个传说故事有神话色彩并不是要求人们相信故事的真伪，而是要通过故事说明一个道理。百丈禅师每次说法的时候，都有一位老人跟随大众听法，众人离开，老人亦离开。老人忽然有一天没有离开，百丈禅师于是问："面前站立的又是什么人？"老人云："我不是人啊。在过去迦叶佛时代，我曾住持此山，因有位云游僧人问：'大修行的人还会落入因果吗？'我回答说：'不落因果。'就因为回答错了，使我被罚变成为狐狸身而轮回五百世。现在请和尚代转一语，为我脱离野狐身。"老人于是问："大修行的人还落因果吗？"百丈禅师答："不昧因果。"老人大悟，作礼说："我已脱离野狐身了，住在山后，请按和尚礼仪葬我。"百丈禅师真的在后山洞穴中，找到一只野狐的尸体，便依礼火葬。

这就是著名的"野狐禅"的故事，那个人为什么被罚变身狐狸并轮回五百世呢？就是因为他执着于因果，所以不得解脱。执着就像一个魔咒，令人心想挂念，不能自拔，最后常令人不得其果，操劳心神，反而迷失了对人生、对自身的真正认识。修佛也好，参禅也好，在认识和理解禅佛之前，修行者必须要先认识自己的本身，然后发乎情地做事，渐渐理解禅佛之意。如果执着于认识禅佛之道，最后连本身都不顾了，这就是本末倒置的做法。就像一个人做事之前，必须要理解自身所长，才能放手施为地去做事。如果只看到事物的好处而忽略了自身能力，又怎么可能将事情做好呢？这便是寻明心、安身心的魅力所在。

不要让小事情牵着鼻子走

一个理智的人，必定能控制住自己所有的情绪与行为，不为一点儿小事抓狂。当你在镜子前仔细地审视自己时，你会发现自己既是你最好的朋友，也是你最大的敌人。

上班时堵车堵得厉害，交通指挥灯仍然亮着红灯，而时间很紧，你烦躁地看着手表的秒针。终于亮起了绿灯，可是你前面的车子迟迟不开动，因为开车的人思想不集中，你愤怒地按响了喇叭，那个似乎在打瞌睡的人终于惊醒了，仓促地挂上了一挡，而你却在几秒钟里把自己置于紧张而不愉快的情绪之中。

美国研究应激反应的专家理查德·卡尔森说："我们的恼怒有80％是自己造成的。"这位加利福尼亚人在讨论会上教人们如何不生气。卡尔森把防止激动的方法归结为这样的话："请冷静下来！要承认生活是不公正的，任何人都不是完美的，任何事情都不会按计划进行。"

"应激反应"这个词从20世纪50年代起才被医务人员用来说明身体和精神对极端刺激（噪音、时间压力和冲突）的防卫反应。

现在研究人员知道，应激反应是在头脑中产生的。即使是非常轻微的恼怒情绪，大脑也会命令分泌出更多的应激激素。这时呼吸道扩张，使大脑、心脏和肌肉系统吸入更多的氧气，血管扩大，心脏加快跳动，血糖水平升高。

埃森医学心理学研究所所长曼弗雷德·舍德洛夫斯基说："短时间的应激反应是无害的。"他说，"使人受到压力是长时间的应激反应。"他的研究结果表明：61％的德国人感到在工作中不能胜任；有30％的人因为觉得不能处理好工作和家庭的关系而有压力；20％的人抱怨同上级关系紧张；16％的人说在路途中精神紧张。

理查德·卡尔森的一条黄金规则是："不要让小事情牵着鼻子走。"他说："要冷静，要理解别人。"他的建议是：表现出感激之情，别人会感觉到高兴，你的自我感觉会更好。

学会倾听别人的意见，这样不仅会使你的生活更加有意思，而且别人也会更喜欢你。每天至少对一个人说，你为什么赏识他，不要试图把一切都弄得滴水不漏。不要顽固地坚持自己的观点，这会花费许多不必要的精力。不要老是纠正别人，常给陌生人一个微笑，不要打断别人的讲话，不要让别人为你的不顺利负责。要接受事情不成功的事实，天不会因此而塌下来。请忘记事事都必须完美的想法，你自己也不是完美的。这样生活会突然变得轻松许多。当你抑制不住自己的情绪时，你要学会问自己：一年前抓狂时的事情到现在来看还是那么重要吗？不为小事抓狂，你就可以对许多事情得出正确的看法。

现在，把你曾经为一些小事抓狂的经历写在这里，然后把你现在对这些事的看法也写下来，对比之下，相信你会有更深的认识。

换种思路天地宽

有位老婆婆有两个儿子，大儿子卖伞，小儿子卖扇。雨天，她担心小儿子的扇子卖不出去；晴天，她担心大儿子的生意难做，终日愁眉不展。

一天，她向一位路过的僧人说起此事，僧人哈哈一笑："老人家你不如这样想：雨天，大儿子的伞会卖得不错；晴天，小儿子的生意自然很好。"

老婆婆听了，破涕为笑。

悲观与乐观，其实就在一念之间。

世界上什么人最快乐呢？犹太人认为，世界上卖豆子的人应该是最快乐的，因为他们永远也不用担心豆子卖不完。

假如他们的豆子卖不完，可以拿回家去磨成豆浆，再拿出来卖给行人；如果豆浆卖不完，可以制成豆腐，豆腐卖不成，变硬了，就当做豆腐干来卖；而豆腐干卖不出去的话，就把这些豆腐干腌起来，变成腐乳。

还有一种选择是：卖豆人把卖不出去的豆子拿回家，加上水让豆子发芽，几天后就可改卖豆芽；豆芽如果卖不动，就让它长大些，变成豆苗；如果豆苗还是卖不动，再让它长大些，移植到花盆里，当做盆景来卖；如果盆景卖不出去，那么再把它移植到泥土中去，让它生长。几个月后，它结出了许多新豆子。一颗豆子现在变成了上百颗豆子，想想那是多么划算的事！

一颗豆子在遭遇冷落的时候，可以有无数种精彩选择。人更是如此，当你遭受挫折的时候，千万不要丧失信心，稍加变通，再接再厉，就会有美好的前途。

条条大路通罗马，不同的只是沿途的风景，而在每一种风景中，我们都可以发现独一无二的精彩。

有一位失败者非常消沉，他经常唉声叹气，很难调整好自己的心态，因为他始终难以走出自己心灵的阴影。他总是一个人待着，脾气也慢慢变得暴躁起来。他没有跟其他人进行交流，更没有把过去的失败统统忘掉，而是全部锁在心里。但他并没有尝试着去寻找失败的原因，因此，虽然始终把失败揣在心里，却没有真正吸取失败的教训。

后来，失败者终于打算去咨询一下别人，希望能够帮自己摆脱困境。于是，他决定去拜访一名成功者，从他那里学习一些方法和经验。

他和成功者约好在一座大厦的大厅见面，当他来到那个地方时，眼前是一扇漂亮的旋转门。他轻轻一推，门就旋转起来，慢慢将他送进去。刚站稳脚步，他就看到成功者已经在那里等候自己了。

"见到你很高兴，今天我来这里主要是向你学习成功的经验。你能告诉我成功有什么窍门吗？"失败者虔诚地问。

成功者突然笑了起来，用手指着他身后的门说："也没有什么窍门，其实你可以在这里寻找答案，那就是你身后的这扇门。"

失败者回过头去看，只见刚才带他进来的那扇门正慢慢地旋转着，把外面的人带进来，把里面的人送出去。两边的人都顺着同一个方向进进出出，谁也不影响谁。

"就是这样一扇门，可以把旧的东西放出去，把新的东西迎进来。我相信你也可以做得到，而且你会做得更好！"成功者鼓励他说。

失败者听了他的话，也笑了起来。

失败者与成功者的最大区别是心态的不同。失败者的心态是消极的，结果终日沉湎于失败的往事中，被痛苦的阴影笼罩，无法解脱；而成功者的心态是开放的、积极的，能从一扇门领悟到成功的哲理，从而取得更多的成就。

心随境转，必然为境所累；境随心转，红尘闹市中也有安静的书桌。人生像是一张白纸，色彩由每个人自己选择；人生又像是一杯白开水，放入茶叶则苦，放入蜂蜜则甜，一切都在自己的掌握中。

下山的也是英雄

人们习惯于对爬上高山之巅的人顶礼膜拜，把高山之巅的人看做是偶像、英雄，却很少将目光投放在下山的人身上。这是人之常理，但是实际上，能够及时主动地从光环中隐退的下山者也是"英雄"。

有多少人把"隐退"当成"失败"。曾经有过非常多的例子显示，对于那些惯于享受欢呼与掌声的人而言，一旦从高空中掉落下来，就像是艺人失掉了舞台，将军失掉了战场，往往因为一时难以适应，而自陷于绝望的谷底。

心理专家分析，一个人若是能在适当的时间选择做短暂的隐退（不论是自愿还是被迫），那将会是一个很好的转机，因为它能让你留出时间观察和思考，使你在独处的时候找到自己内在真正的世界。

唯有离开自己当主角的舞台，才能防止自我膨胀。虽然，失去掌声令人惋惜，但换一种思维看问题，心理专家认为，"隐退"就是进行深层学习。一方面挖掘自己的阴影，一方面重新上发条，平衡日后的生活。当你志得意满的时候，是很难想象没有掌声的日子的。但如果你要一辈子获得持久的掌声，就要懂得享受"隐退"。

作家班塞说过一段令人印象深刻的话："在其位的时候，总觉得什么都不能舍，一旦真的舍了之后，又发现好像什么都可以舍。"曾经做过杂志主编，翻译出版过许多知名畅销书的班塞，在他事业巅峰的时候退下来，选择当个自由人，重新思考人生的出路。

40 岁那年，欧文从人事经理被提升为总经理。三年后，他自动"开除"自己，舍弃堂堂"总经理"的头衔，改任没有实权的顾问。

正值人生最巅峰的阶段，欧文却奋勇地从急流中跳出，他的说法是："我不是退休，而是转进。"

"总经理"三个字对多数人而言，代表着财富、地位，是事业身份的象征。然而，短短三年的总经理生涯，令欧文感触颇深的，却是诸多的"无可奈何"与"不得而为"。

他全面地打量自己，他的工作确实让他过得很光鲜，周围想巴结自己的人更是不在少数，然而，除了让他每天疲于奔命，穷于应付之外，他其实活得并不开心。这个想法，促使他决定辞职，"人要回到原点，才能更轻松自在。"他说。

辞职以后，司机、车子一并还给公司，应酬也减到最低。不当总经理的欧文，感觉时间突然多了起来，他把大半的精力拿来写作，抒发自己在广告领域多年的观察与心得。

"我很想试试看，人生是不是还有别的路可走。"他笃定地说。

事实上，欧文在写作上很有天分，而且多年的职场经历给他积累了大量的素材。现在欧文已经是某知名杂志的专栏作家，期间还完成了两本管理学著作，欧文迎来了他的第二个人生辉煌。

事实上，"隐退"很可能只是转移阵地，或者是为了下一场战役储备新的能量。但是，很多人认不清这点，反而一直缅怀着过去的光荣，他们始终难以忘情"我曾经如何如何"，不甘于从此做个默默无闻的小人物。走下山来，你同样可以创造辉煌，同样是个大英雄！

苛求他人，等于孤立自己

每个人都有可取的一面，也有不足的地方。与人相处，如果总是苛求十全十美，那么永远也交不到真心的朋友。在这一点上，曾国藩早就有了自己的见解，他曾经说过："盖天下无无暇之才，无隙之交。大过改之，微暇涵之，则可。"意思是说，天下没有一点儿缺点也没有的人，没有一点儿缝隙也没有的朋友。有了大的错误，要能够改正，剩下小的缺陷，人们给予包容，就可以了。为此，曾国藩总是能够宽容别人，谅解别人。

当年，曾国藩在长沙读书，有一位同学性情暴躁，对人很不友善。因为曾国藩的书桌是靠近窗户的，他就说："教室里的光线都是从窗户射进来的，你的桌子放在了窗前，把光线挡住了，这让我们怎么读书？"他命令曾国藩把桌子搬开。曾国藩也不与他争辩，搬着书桌就去了角落里。曾国藩喜欢夜读，每每到了深夜，还在用功。那位同学又看不惯了："这么晚了还不睡觉，打扰别人的休息，别人第二天怎么上课啊？"曾国藩听了，不敢大声朗诵了，只在心里默读。一段时间之后，曾国藩中了举人，那人听了，就说："他把桌子搬到了角落，也把原本属于我的风水带去了角落，他是沾了我的光才考中举人的。"别人听他这么一说，都为曾国藩鸣不平，觉得那个同学欺人太甚。可是曾国藩毫不在意，还安慰别人说："他就是那样子的人，就让他说吧，我们不要与他计较。"

凡是成大事者，都有广阔的胸襟。他们在与别人相处的时候，不会计较别人的短处，而是以一颗平常心看待别人的长处，从中看到别人的优点，弥补自己的不足。如果眼睛只能看到别人的短处，那么这个人的眼里就只有不好和缺陷，而看不到别人美好的一面。生活中，每个人都可能会跟别人发生矛盾。如果一味地跟别人计较，就可能浪费自己很多精力。与其把自己的时间浪费在一些鸡毛蒜皮的小事上，不如放开胸怀，给别人一次机会，也可以让自己有更多的精力去做更多有意义的事情。

一位在山中茅屋修行的禅师，有一天趁月色到林中散步，在皎洁的月光下，突然开悟。他喜悦地走回住处，看到自己的茅屋有小偷光顾。找不到任何财物的小偷要离开的时候在门口遇见了禅师。原来，禅师怕惊动小偷，一直站在门口等待。他知道小偷一定找不到任何值钱的东西，就把自己的外衣脱掉拿在手上。小偷遇见禅师，正感到惊愕的时候，禅师说："你走那么远的山路来探望我，总不能让你空手而回呀！夜凉了，你带着这件衣服走吧！"说着，就把衣服披在小偷身上，小偷不知所措，低着头溜走了。禅师看着小偷的背影穿过明亮的月光消失在山林之中，不禁感慨地说："可怜的人呀！但愿我能送一轮明月给他。"禅师目送小偷走了以后，回到茅屋赤身打坐，他看着窗外的明月，进入空境。第二天，他睁开眼睛，看到他披在小偷身上的外衣被整齐地叠好，放在了门口。禅师非常高兴，喃喃地说："我终于送了他一轮明月！"

面对盗贼，禅师既没有责骂，也没有告官，而是以宽容的心原谅了他，禅师的宽容和原谅终于换得了小偷的醒悟。可见，宽容比强硬的反抗更具有感召力。可是，我们与别人发生矛盾时，总想着与别人争出高低来，但是往往因为说话的态度不好，使得两个人吵起来，甚至大打出手。其实，牙齿哪有不碰到舌头的。很多事情忍耐一下，也就过去了。有些矛盾的产生，别人也不一定是故意的，我们给予他包容，他可能会主动认识到错误，也给自己减少了很多麻烦。